河海大学社科青年文库

社会网络媒介化与重大工程环境损害的社会治理

张长征　黄德春　方隽敏　著

光明日报出版社

图书在版编目（CIP）数据

社会网络媒介化与重大工程环境损害的社会治理 ／
张长征，黄德春，方隽敏著 . －－北京：光明日报出版社，
2021. 4

ISBN 978－7－5194－5868－3

Ⅰ. ①社… Ⅱ. ①张… ②黄… ③方… Ⅲ. ①重大建
设项目—环境管理—风险管理—研究—中国 Ⅳ.
①X322. 2

中国版本图书馆 CIP 数据核字（2021）第 057731 号

社会网络媒介化与重大工程环境损害的社会治理
SHEHUI WANGLUO MEIJIEHUA YU ZHONGDA GONGCHENG HUANJING SUNHAI DE SHEHUI ZHILI

著　　者：张长征　黄德春　方隽敏

责任编辑：朱　宁　　　　　　　　责任校对：刘文文
封面设计：徐娟娟　　　　　　　　责任印制：曹　净

出版发行：光明日报出版社
地　　址：北京市西城区永安路 106 号，100050
电　　话：010－63169890（咨询），63131930（邮购）
传　　真：010－63131930
网　　址：http：//book. gmw. cn
E－mail：zhuning@ gmw. cn
法律顾问：北京德恒律师事务所龚柳方律师

印　　刷：三河市华东印刷有限公司
装　　订：三河市华东印刷有限公司
本书如有破损、缺页、装订错误，请与本社联系调换，电话：010－63131930

开　　本：170mm×240mm
字　　数：196 千字　　　　　　　　印　　张：16. 5
版　　次：2021 年 4 月第 1 版　　　　印　　次：2021 年 4 月第 1 次印刷
书　　号：ISBN 978－7－5194－5868－3
定　　价：95. 00 元

前　言

习近平总书记在十八届中央政治局第三十六次集体学习时强调："随着互联网特别是移动互联网发展，社会治理模式正在从单向管理转向双向互动，从线下转向线上线下融合，政府监管要更加注重社会协同治理转变。"社会网络媒介化是重大工程环境损害社会稳定风险传播扩散的重要载体，忽视社会网络媒介化对风险传播扩散的影响，无法从根本上把握重大工程环境损害的社会稳定风险传播扩散规律，也无法提出切合实际的社会稳定风险防范策略，其结果是重大工程环境损害的社会稳定风险管理制度化安排的"安全阀"失灵。

本书聚焦重大工程环境损害的社会稳定风险传播扩散机理、重大工程环境损害的社会稳定风险防范有效模式研究任务，将重大工程环境损害的社会稳定风险研究纳入复杂社会网络理论和社会媒介化理论体系中，从环境冲突、社会网络、媒介互动特性出发，围绕社会网络媒介化与重大工程环境损害的社会稳定风险传播扩散的实践问题，运用风险的社会放大框架和传染病模型等方法，揭示重大工程环境损害的社会风险传播扩散机理；引入社会燃烧理论和深度学习模型来设计社会网络媒介化大数据驱动的社会风险预警模型，建立一套重大工程环境损害的社会稳定风险防范治理框架。

本书认为风险媒介化使社会冲突行为变得更加复杂，改变了社会风险传播网络结构，致使重大工程环境损害的社会稳定风险多元化扩散，"放大"了环境损害谣言在其社会风险扩散中的社会影响，风险信息在多重放大下必然引致利益冲突风险多重放大，因此造成了重大工程环境损害的社会稳定风险的形成。基于以上科学认识，本书一方面基于LSTM 神经网络社会风险预警模型，提出了社会网络媒介化中重大工程环境损害的社会稳定风险预警方法；另一方面，基于"主体—客体—介体"的系统性分析框架，提出了重大工程环境损害的社会稳定风险网络治理模式，及其社会稳定风险传播扩散防范机制。

本书研究内容是国家自然科学基金青年项目"社会网络媒介化中重大工程环境损害的社会稳定风险扩散机理与防范策略"（71603070）的重要成果之一，并得到河海大学社科文库（B200207021）资助。有关成果将进一步丰富和完善重大工程项目社会稳定风险管理理论研究，也能为相关的工程项目实践和政府社会稳定风险治理提供依据与咨询建议。最后应该指出的是，由于时间与精力的局限性，本书还存在许多不足之处，需要在今后的研究过程中进一步展开，诚恳地欢迎同行专家和读者批评指正，并提出宝贵意见。

目　录
CONTENTS

第一章 绪 论

1.1 研究背景及意义

1.1.1 研究背景

（1）重大工程建设的环境冲突问题是引发社会稳定风险的导火索

当前，我国正处于转型社会、风险社会和媒介化社会叠加时期，"风险共生"和"风险媒介化"是这一时期的重要社会特征。与此同时，面对我国生态环境的整体退化，环境损害已经成为我国社会公众的敏感话题，并在一些地区成为环境维权民众与地方政府矛盾冲突的重要原因。据相关统计显示：1996 年以来环境群体事件一直保持年均 29%地增长；2005 年以来环保部直接处置的事件共 927 起，重特大事件 72起；2012 年重大事件比上一年增长 120%，如四川什邡钼铜项目事件，江苏启东污水排海项目事件，昆明、宁波等地的 PX 项目事件等。重大工程是一个多主体、多项目的复杂大系统，具有投资规模大、建设周期长、涉及因素多、面临问题复杂等特性。其管理决策环境面临着项目时空分散性、利益主体多元性、信息传播复杂性等诸多挑战；其项目实施过程往往涉及移民、征地拆迁、生态环境、利益群体等问题，处置不当极有可能引发社会矛盾，冲击社会稳定。

（2）风险媒介化成为重大工程环境损害的社会稳定风险传播扩散的"助推器"

社会系统是一种特殊的复杂大系统，利益冲突是社会稳定风险的根源，社会网络则是社会稳定风险传播扩散的重要载体。媒介化传播对社会生活的全方位覆盖和媒介影响力对社会的全方位渗透，特别是自媒体等新媒介融合到了社会网络中，改变了原有社会利益关系、重塑了社会冲突传播形式、复杂化了社会网络结构，致使现代社会网络呈现出大数据4V特征明显化、传播扩散机制复杂化和社会稳定风险融合化特性，进而对危机传播产生了两个重要的影响：一是风险的媒介化迁移；二是媒介化风险的形成。上海交通大学舆情研究实验室研究发现：近20%的环境群体性事件存在谣言传播，而且由于环境群体性事件在中国较为敏感，一般情况下传统媒体不会率先报道，首曝媒介多以论坛、微博和微信为主。截至2015年12月，我国网民规模达6.88亿，互联网普及率为50.3%，其中手机网民占比90.1%，手机端即时通信使用率为91.2%。无处不在的信息传播媒体已经成为重大工程环境损害的社会稳定风险形成的重要社会背景，新媒体已经成为公众认知风险、掌握信息的主要渠道，特别是社交论坛、微博、微信、QQ等自媒体的风险传播扩散，已经成为环境冲突的重要一环。

（3）社会网络媒介化对我国重大工程环境损害的社会稳定风险治理提出新的挑战

在社会网络媒介化中，社会冲突行为传播扩散已经出现了一些新特征，如利益主体、个体间相互作用可以改变社会风险扩散形式和路径，自媒体等新媒介改变了社会网络拓扑结构和显著影响社会风险扩散过程等。这些新特征削弱了传统工程项目影响和社会风险管理理论对重大工程环境损害的社会稳定风险传播扩散规律的有效认识和准确把握。因此，忽视社会网络媒介化对风险传播扩散的影响，只从重大工程环境损害的多元利益冲突的社会影响出发，无法从根本上把握重大工程环境损害的社会稳定风险传播扩散规律，也无法提出切合实际的社会稳定风险防范策略，其结果是重大工程环境损害的社会稳定风险管理制度化安排的"安全阀"失灵。从社会网络媒体化视角研究重大工程环境损害的社会稳定风险传播扩散机理和防范策略，十分具有理论意义和现实必要性。

1.1.2 研究意义

本研究将在梳理社会稳定风险传播扩散特征、分析多元利益冲突和风险传播扩散关系的基础上，以国内外社会网络和风险媒介化传播的理论与实践为指导，以重大工程环境损害的社会稳定风险为对象，探讨社会网络媒介化中重大工程环境损害的社会稳定风险传播扩散规律，探索其社会稳定风险应该如何防范。本书研究认为：未来中国环境群体性社会稳定风险治理，不能仅注重政府制度层面的源头防范，更要注重从社会稳定风险形成的环境和传播渠道出发，来进行动态过程的防范治理。其中利益主体多元化、社会关系网络化、风险社会媒介化、大数据时代都是其重要的环境，媒介化传播渠道则是多元利益冲突放大的重要载体。为此，从社会网络媒介化视角来认识重大工程环境损害的社会稳定风险传播扩散、建立大数据驱动的"全景式"社会稳定风险防范策略是必然之举。研究价值体现在以下几个方面：

（1）理论价值

本书将根据"理论创新""实践研究""方法探索"相结合的研究思路，进行较为深入且富有典型性和逻辑性的"问题导向型"及"探索性"研究。针对当前生态文明建设面临的新形势，以重大工程环境损害的社会稳定风险实践为对象，注重社会关系网络化和风险社会媒体化典型事例，有关成果将会进一步丰富和完善社会网络媒介化、社会稳定风险、风险媒介化传播扩散等相关理论研究，扩展重大工程项目社会稳定风险问题研究范畴，升华社会稳定风险传播扩散相关研究内涵。从研究社会稳定风险形成来看，现有的研究只注重"稳评"方法优化层面、提高"稳评"有效性，缺乏对重大工程环境损害的社会稳定风险形成机理和规律的深入性、系统性研究。尤其社会稳定风险是如何产生的、其风险传播扩散的媒介和渠道是什么、传播扩散机制和规律是什么，这些问题都直接涉及"稳评"方法应该如何选取。本书一方面将重大工程环境损害的社会稳定风险研究纳入复杂社会网络理论和社会媒介化理论体系中，研究社会关系与媒介化互动、环境损害引发的利益冲突传播扩散规律，探讨其社会稳定风险传播扩散模型和过程；另一方面结合环境冲突、社会网络、媒介三者互动特性，探索社会网络媒介化中的社会稳定风险传播扩散应该如何防范，其防范策略应该建立在什么样的治理框架下。问题的深入性探讨对于开拓生态文明建设和社会稳定风险治理理论都具有理论创新性，同时，本书在推动跨学科的交叉理论研究方面具有积极意义。本书涉及复杂系统学、管理学、社会学、传播学、生态学、信息学等多个学科，研究成果将更好地体现出多学科的交叉互动性，从而使得研究的结论更为全面而具有说服力。

（2）实践价值

由于社会网络媒介化中重大工程环境损害的社会稳定风险形成较为复杂，缺失实验性验证，许多学者沿袭着从"理论"到"理论的方法"，泛泛而谈，无法从操作层面提出具有指导意义的研究工具和方法。这就需要找到合适的突破点，以便从对典型现象、典型项目的剖析中得出具有全局性意义的结论。本书致力于"理论"到"应用"的研究范式，使大家认识到社会网络媒介化中个体行为互动、个体与媒介互动的风险传播扩散影响性，从社会网络媒介化视角建立社会稳定风险传播扩散模型，深入探索重大工程环境损害的社会稳定风险传播扩散过程。在此基础上引入大数据管理思想，设计重大工程环境损害的社会稳定风险传播扩散的"全景式"防范框架和防范措施，旨在解决现有"稳评"体制无法从根本上防范社会网络媒介化中社会稳定风险的问题。

（3）政策价值

在我国，环境群体性事件具有国情特征，其引发的社会稳定风险属于社会各界关注的焦点。随着人们对大众媒介的依赖性越来越高，人们的信息源也越来越多地被媒介"控制"，成为"媒介控"。媒介因其在社会信息沟通中的特殊角色，在环境群体性社会稳定风险传播扩散过程具有重要作用，社会稳定风险治理政策不可能忽视其作用。本书力图将处于"混沌"状态的重大工程环境损害的社会稳定风险传播扩散过程"明晰化"，建立大数据驱动的"全景式"管理框架下的社会稳定风险防范手段，并努力将其总结为中国的独特经验，探寻能够真正指导重大工程环境冲突问题解决的科学手段。本研究认为，大数据驱动的"全景式"社会稳定风险管理是未来重大工程项目环境损害的社会稳定风险管理的重要工具。现阶段中国的社会网络媒介化具有鲜明的中国特色，与我国特有的政治、经济体制以及独特的社会文化环境紧密联系。为此，不能照搬复制西方发达国家的成功经验，而是应该贴合中国"维稳"实际，建立大数据驱动的"全景式"管理政策，以此来破解"片状"数据和数据"残缺"这样的重大工程项目社会稳定风险管控的"拦路虎"，进一步完善中国特色的社会稳定风险治理体系。

1.2 国内外研究现状

1.2.1 环境损害行为的社会风险研究综述

西方学者对环境损害的社会风险问题研究，起源于 20 世纪 60 年代末至 20 世纪 70 年代初爆发的"生态运动"和绿色冲突，如 Carpenter 和 Kennedy（1980）提出了环境冲突管理理论，研究环境变化和环境退化所产生的环境冲突，以及环境冲突的复杂性和严重性。环境损害事实上包含了两个部分："对环境的损害"和"经由环境对人的损害"，其中"经由环境对人的损害"是人类活动"对环境的损害"累积的必然结果，也是社会风险产生的根源。如 Libiszewski（1992，2009）认为环境变化的社会风险源于环境变化的环境效应和社会效应相互作用引发的社会危害，其社会风险程度取决于社会系统的脆弱性和适应性对环境退化的响应；Homer – Dixon（1991，1993）在研究环境变化与暴力冲突中发现，环境变化产生的社会冲突主要以政治、社会、经济、种族和地区争端等形式表现出来，但是这些冲突的根源是环境退化引发的利益失衡，如可再生资源减少、生物多样性下降、水危机、沙漠化等。环境冲突在我国已广泛存在。由于我国有关环境损害的赔偿制度和立法尚未建立，公众参与平台缺失，公众缺乏合理、合法的利益诉求渠道，以及地方政府、相关企业与公众事实存在价值与利益上的冲突，致使环境群体性事件频发，威胁到地区社会稳定（胡美灵，肖建华，2008；刘克斌，2012）。穆从如等（1998）从地理学视角对环境冲突的概念、研究内容与分类进行了探索；钟书华（2013；2009）更是围绕环境问题的各种绿色冲突，对其形式、特点以及策略进行研究。

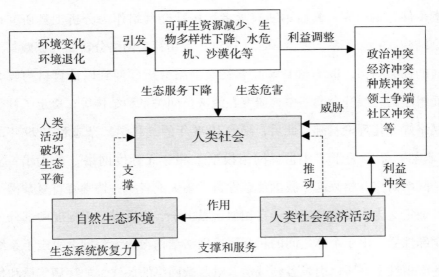

图 1 – 1　生态环境损害的社会风险过程

总之，国内外学者对环境损害的社会风险已有一定的认识，但由于环境损害对社会影响的不确定性和复杂性增大了研究工作的难度，所以现有文献对其研究还缺乏深入性和系统性，对环境损害如何引致社会失稳的探索也相对缺乏。

1.2.2 社会网络媒介化、风险社会媒介化与社会冲突传播扩散研究综述

网络是自然界以及人类社会中普遍存在的客观现象，几乎所有的系统都可以抽象为网络模型，社会系统也不例外。社会网络是以人、人的群体或社会单元为结点构成的集合，这些结点之间具有某种接触或相互作用模式（Scott，2000；Wasserman 和 Faust，1994）。社会网络研究最早发端于 1932 年 Moreno 对纽约州北部哈德森女子学校"群体性出走风潮事件"的研究，其后不断有学者运用社会网络作为分析工具研究社会结构和社会关系，如 Barnes（1954）运用社会网络分析研究挪威某渔村的社会结构，Barry（1996）将社会网络分析延伸到以计算机为媒介而组建的在线社会网络中，研究在线成员间关系和结构等，奠定了社会网络媒介化理论基础。此后，随着 1998 年的《科学》杂志和 1999 年的《自然》杂志关于"小世界网络模型"和"无标度网络"的提出，复杂网络研究开始兴起。我国复杂性科学集大成者——钱学森将复杂网络特征定义为：具有自组织、自相似、吸引子、小世界、无标度中部分或全部性质。由于个体之间的相互作用网络结构在很大程度上决定了系统的宏观性质，所以引发各领域学者对复杂网络的关注，如疾病传播和信息运输、博弈与合作行为、社会冲突与群体性事件等各种动力学过程与网络结构的耦合关系得到广泛深入研究。这些研究大部分都属于复杂社

会问题，交叉了复杂网络和社会网络关注的共同问题，社会网络媒介化则是复杂网络研究领域当中一种特殊形式网络。

　　进入现代媒体化社会，信息化、网络化使得人们越来越习惯在虚拟社会中传递信息、交流情感，特别是互联网新媒体的出现，一方面显著提升了人们对社会事件的感受、认知和反应能力；另一方面，也将传统的社会层级结构拉向扁平，使得社会系统的"复杂网络"特征越发凸显。社会冲突是一种复杂性的社会问题，其冲突生成演化过程中，存在着复杂的人群网络结构，并且在内外因的共同作用下发生着潜移默化或明显的关系与结构双重变化，特别是在风险社会和互联网自媒体环境下，简单随机网络会逐渐演变成一个存在明显社团结构的非随机复杂网络，导致社会冲突不断扩散冲击社会稳定后难以得到有效控制（汪大海，2012）。此外，社会网络媒介化的一个重要特征就是媒介传播对社会生活的全方位覆盖和媒介影响力对社会生活的全方位渗透（马凌，2008），其中媒体是社会风险信息沟通系统网络中的重要因素，其在社会冲突风险多重放大过程中具有重要作用，所以大众媒体对社会风险的定义、选择、传递以及控制都有着重要的影响。社会化媒体具有数据上的社交网络规模大、参与人数多、传播迅速、数据内容丰富等特点，导致社交网络中信息传播的分析建模成为研究的一个难点。

　　卡斯珀森认为，在综合性的作用模型中，大众媒介有着举足轻重的影响。他发现"灾难性事件与心理、社会、制度和文化状态相互作用，其方式会加强或衰减对风险的感知并塑型风险行为"。国内外实证研究也证实，大众媒介是现代人的第一信息源，占比高达九成以上，涉及的范围无所不包，在风险信息传播方面也更加突出。我国学者马凌（2008）指出，媒介化风险主要来自媒介结构性风险，包括媒介技术风险、媒介信息风险、媒介知识风险、媒介舆论风险、媒介政治风险等方面。《中国环境发展报告（2014）》指出：一些公众抗议的环境污染型项目，其真实风险未必有民众感知得那么强烈，甚至有一些是低风险项目，这就表明重大工程环境损害领域存在着明显的"风险放大机制"。风险的社会放大框架（SARF）为研究媒体化社会风险传播提供了工具，Kasperson et al.（1988）和 Pidgeon et al.（2002）将社会风险放大过程划分为两个阶段：风险信息传播和社会响应。毕天云（2000）认为所有社会矛盾和社会冲突的根源均在于人们的利益关系中，其冲突主要体现在公众利益诉求与政府、项目法人的决策之间的矛盾（孙元明，2011；柴西龙，2005），表现为直接利益冲突与非直接利益冲突，其中非直接利益冲突较为突出。利益矛盾与媒介化风险相结合，社会网络媒介化中的社会风险将趋向于复杂化、多元化、网络化，也会加快社会风险向社会危机转化进程，其传播路径由传统的大众传播、群体传播和人际传播开始向立体化传播、"线上"和"线下"结伴传播转变。如四川什邡钼项目事件属于典型的从"网络呼吁"到"街头抗议"，以及各地PX 群体性事件网上网下群体性互动等（薛澜，2010；汪大海，2012；赵闯，2014 等），其冲突群体中有可能是企业家、公务员、失地农民、国企员工和白领等，表明社会网络媒介化的社会冲突扩散机制已经超越了以管理流程为主的线性范式，以数据及所产生知识在社会各主体间流动为基础的社会生态系统已对现有社会冲突及其社会稳定风险构成了挑战。

1.2.3　重大工程项目的环境损害研究综述

国内外实践已经表明，任何重大工程的兴建，在推动社会经济发展的同时都不可能规避工程建设与运行对生态环境产生损害的负面影响（Geoffrey，1996；张天柱，2009）。一般而言，在重大工程建设与运行作用下，自然环境和生物群落的平衡稳态会受到不同程度地破坏，引发局部地区出现程度不一的生态退化，进而以生态环境作为媒介损害人类社会发展和人类身心健康（Vannote，1980；方子云，1983，1990；董哲仁，2003）。国际学术界对重大工程环境影响研究始于针对大坝建设对洄游鱼影响问题的关注，*Environmental Effects of Large Dams*（1978）首次系统揭示了 20 世纪 40 年代至 20 世纪 70 年代大坝对生态环境的影响，开启了世界范围内对水利水电工程环境影响问题的重视。

从环境影响效应来看，重大工程可以从两个方面胁迫（Stress）生态环境系统，一方面是直接作用于生态环境系统，造成生态环境的生物因素和非生物因素破坏，其中生物因素的破坏主要表现在动植物的减少，如高速公路工程建设的阻隔作用、接近效应、生境破坏、污染作用以及交通事故等都对当地野生动物造成影响。以水利工程建设为例，刘焕章（2010）研究发现，历史上湖北长江四大鱼鱼苗产量达 200 亿尾，三峡水库蓄水后长江四大鱼鱼苗减少至 2 亿尾左右；周解和何安尤（2004）通过动态监测红水河岩滩水库蓄水前后发现，从岩滩水库 1992 年蓄水到 1997 年水库全面建成，5 年间红水河鱼类减少 38.6%，底栖动物减少 77%，水生维管束植物减少 100%。而非生物因素破坏，主要表现为工程建设直接引发的地质灾害问题，如崩塌、滑坡、岩土体变形、地震、泥石流、地下涌水、地面塌陷等（王自高，2011）。另一方面则是通过地质地貌、空气流动和水循环等间接破坏生态环境，如我国学者董哲仁（2003）认为河流形态多样性是生物群落多样性的基础，水利工程胁迫生态系统的主要原因是水利工程在不同程度上造成的河流形态的均一化和不连续化导致生物群落多样性的下降；鲁春霞等（2000）以陕甘天然气管道为例，对该重大工程建设对农业、林地以及草地资源、水土流失和沙漠化的环境损害进行研究，结果表明管道施工对当地林业和土地资源造成持久的环境损害；Holling（1973）提出面对各种环境胁迫和干扰，生态系统具有"恢复力"，但是，当外部干扰超过其恢复力的某一阈值时，生态系统的"恢复力"将会丧失，生态系统进入非稳定状态，损害了其服务功能（闫海明等，2012；Norden，2009；Gunderson，2000），而生态系统服务功能，如调节功能、生境功能和生存功能等，是人类社会存在和发展的基础（De Groot，2002）。

总之，随着重大工程项目的环境损害不断累积，生态环境变化和环境退化将不可避免，致使生态环境自身对人类社会的服务功能下降，长此以往，必将会对社会系统运行产生冲击。然而，遗憾的是重大工程环境损害的社会危害研究还不充分，需要在已有研究的基础上，进一步将研究深化到重大工程建设与运行发生环境损害后的社会影响层面上。

1.2.4　社会稳定风险管理研究综述

由于社会矛盾演变为社会冲突过程是在社会网络媒介化上完成，以社会网络和媒介为载体，各个主体节点以及节点之间的相互作用推动着社会稳定风险的发生和发展，而媒介耦合于社会网络媒介化中，复杂化了社会稳定风险的传播扩散，致使社会稳定风险衍生、传播、扩散的渠道日益复杂，越发显现出链式反应和随机性特征，使得社会稳定风险管理重要手段的环境发生新的变化。特别是随着云计算、物联网、移动互联网的发展，社会关系网络化和风险社会媒介化的耦合给社会治理带来

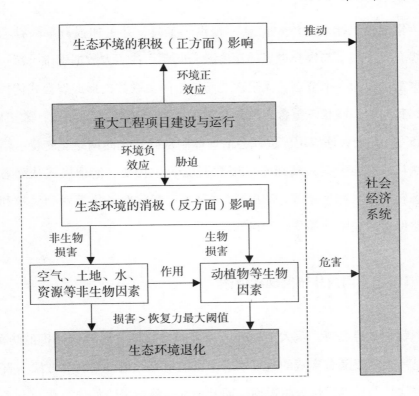

图 1-2 重大工程环境损害的社会影响

机遇与挑战，这向社会风险管理提出更高的要求，也为大数据驱动的全景式管理应用于社会稳定风险传播扩散防范中创造了应用潜力和扩展空间。在社会稳定风险管理领域，数据状况一直是"稳评"及其风险管理的核心要素，而当前重大工程项目社会稳定风险评估则主要依靠人工问卷发放、有限次听证会以及政府门户网站意见反馈平台等传统方式采集数据，这些手段无法全面地捕捉到社会网络媒介化间的"信息"，其结果获取数据往往存在覆盖面有限、可得性差、时效性不足等缺陷，尤其是互联网新媒体嵌入到社会网络媒介化中的"信息"未能与传统方式搜集到的数据有效融合。大数据这一种新兴的数据处理技术与认知思维为集成提炼社会主体"信息"提供了工具，并更加强调解决社会网络媒介化中现实与媒介世界的深度融合问题。按照大数据思维，每一个数据都被视为一个节点，无限次地与网络间关联数据形成裂变式传播路径，其间的关联状态蕴含着风险扩散的无限可能性（刘泽照，朱正威，2015 等）。大数据应用促进社会治理体制从碎片化向网络化转变、治理方法从以有限个案为基础向"用数据说话"转变、治理模式从静态向动态转变等（鲍宗豪等，2014），规避了"粗放性"决策对公民权利和利益保护的缺陷（潘华，2014）。

1.2.5　国内外研究现状评述

就学术界而言，重大工程环境损害的社会稳定风险传播扩散防范，仍是一个需要随着实践的进程不断丰富的研究领域，其研究方法一直停留在演绎归纳的定性分析层面，而其中社会稳定风险如何演化，也主要采用逻辑经验性研究。本研究认为：通过"稳评"的重大工程项目仍然会发生环境群体性事件，一方面是"稳评"并没有为决策者提供科学依据；另一方面则是当前忽略大数据运用的社会稳定风险评估机制无法关注社会网络媒介化中的风险传播与扩散过程，导致所有针对重大工程项目环境损害的社会稳定风险防范策略制定都具有片面性。

针对以上问题，本书一方面是基于社会网络的多元利益主体关系，建立 SEIT 模型探索重大工程项目环境损害的社会稳定风险传播结构、路径和模式，结合风险媒介化放大建立 SARF－SSR－SB 模型，探讨重大工程项目环境损害的社会稳定风险扩散机制和过程；另一方面是设计大数据驱动的重大工程环境损害的自学习型社会稳定风险预警模型和大数据驱动的"政府—媒介—公众"共治的多元合作治理模式及防范机制，为防范社会网络媒介化中重大工程环境损害的社会稳定风险传播扩散防范治理提供理论与方法依据。基于以上论述，本书的研究意义得以进一步体现。

1.3 研究内容及技术路线

1.3.1 研究内容

根据拟研究的基本问题与基本命题，本书将以中外有关社会网络媒介化传播扩散和重大工程环境冲突理论与实践为基础，总结社会网络媒介化中环境冲突的一般经验、规律和趋势；围绕我国重大工程环境损害的社会稳定风险实践经验教训（四川什邡钼铜项目事件，江苏启东污水排海项目事件，昆明、宁波等地的 PX 项目的情报监测考察），探讨社会网络媒介化中重大工程环境损害的社会稳定风险传播和扩散过程；面向社会网络媒介化的重大工程环境损害的社会稳定风险传播扩散特性，基于 TRS 情报监测和舆情监测平台研究多源异构数据采集关键技术，构建大数据驱动的自学习型社会稳定风险预警模型，预警重大工程环境冲突演变过程；提出网络治理模式，探索社会网络媒介化中重大工程环境损害的社会稳定风险防范机制研究，提出相关政策建议。主要研究内容包括以下七个部分：

第一部分是绪论。从社会网络媒介化下重大工程环境冲突问题的背景出发，对研究目的和研究意义进行阐述，并对前人研究成果进行归纳梳理，提出本书的研究思路、研究内容、研究方法和研究创新点。

第二部分是本书研究的概念界定与理论基础。首先，对社会网络媒介化、重大工程环境损害及环境损害的社会风险等关键概念进行清晰的界定，进一步明晰研究的主要对象；其次，梳理重大工程环境损害的社会稳定风险内涵、结构、过程和特性，为后续社会网络媒介化中重大工程项目环境损害的社会稳定风险传播扩散研究奠定理论分析和应用总结基础；最后，引出当前重大工程环境损害的社会稳定风险治理的问题与管理需求。

第三部分是社会网络媒介化中重大工程环境损害的社会风险传播过程分析。通过构建系统动力学模型，根据系统分析的目的，考察重大工程环境损害的社会风险传播系统中各主体性质及其相互关系，建立能描述系统结构或主体行为过程的、具有一定逻辑关系的数学仿真模型，据此运用 MATLAB 软件对仿真模型进行定量试验，以获得正确决策所需的各种信息。首先，构建社会风险传播中的主体相互转换关系，定性描述在不同因素作用下以环境损害谣言为载体的社会风险传播过程，运用各变量之间的数学逻辑关系分析影响社会风险传播的关键因素；其次，在构建环境损害谣言传播动力学模型后，利用仿真方法固定不变参数，改变重要影响因素进行模拟仿真，通过谣言传播过程中可表征社会风险量级的关键变量的变化情况，得到相应治理手段的作用方向和作用大小；最后，以同样存在谣言传播因素的江苏启东污水排海项目群体性事件为研究案例，利用相关数据对模型进行仿真，进一步探索现实案例中伴随环境损害谣言而生的社会风险传播过程。

第四部分是社会网络媒介化中重大工程环境损害的社会风险扩散路径分析。首先，借助 Kasperson 等人提出的风险的社会放大框架（SARF），建立社会网络媒介化下重大工程环境损害社会风险扩散的 SARF 分析框架，识别重大工程环境损害社会风险扩散传播渠道和放大站；其次，通过构建重大工程环境损害社会风险扩散的 SARF – SIRS 耦合模型，研究社会网络媒介化下重大工程环境损害的社会风险扩散的范围、速度、机制以及扩散演化，剖析重大工程环境损害的社会风险扩散过程；最后，通过仿真分析模拟重大工程环境损害的社会风险扩散的群体行为和涟漪效应，探讨重大工程环境损害的社会风险扩散的社会响应过程和结果。

第五部分是社会网络媒介化中重大工程环境损害的社会稳定风险形成机理。首先，基于社会网络模型建立重大工程环境损害利益主体关系强度矩阵，使用 Ucinet6 软件识别出在重大工程环境损害利益冲突事件众多利益主体中的关键利益相关者；其次，根据社会燃烧理论（SB），建立社会燃烧理论（SB）模型，分析围绕关键利益主体参与的重大工程环境损害利益冲突机制；再次，在前文重大工程环境损害社会风险扩散的 SARF – SIRS 耦合模型的基础上进一步耦合出重大工程环境损害利益冲突的SARF – SIRS – SB 模型；最后，运用 MATLAB 软件进行仿真实验，模拟社会放大站对于风险放大的力量变化，从社会冲突信息传导能力和利益冲突风险多重放大过程两方面探讨重大工程环境损害的社会稳定风险形成机理。

第六部分是社会网络媒介化中重大工程环境损害社会稳定风险预警模型研究。首先，基于社会燃烧理论和社会冲突理论，在媒介作用下来识别重大工程环境损害工程中可能面临的风险因素和风险事件，分析重大工程环境损害的社会稳定风险构成，识别研究风险源的关系；其次，结合媒介化下的重大工程环境群体性事件产生、发展、变化的媒介化传播规律及特点，构建社会稳定风险预警指标体系；再次，依托 TRS 和舆情监测系统平台研究社会网络媒介化下的多源异构数据转换套件技术，引入风险评估模型自动调整技术，建立自学习型风险预警模型；最后，选择合适的案例并收集数据进行实验，研究结果表明依托大数据支持不断对机器进行训练，初步实现智能判断和预测，可以快速做出风险态势分析和走势研判，更敏锐地发现事件苗头，及时采取事前控制措施，实现群体性事件的精准预测、干预评估和动态调整，对重大工程项目环境损害的社会稳定风险做出比较准确的预警是具有现实的可能性的。

第七部分是社会网络媒介化中重大工程环境损害社会稳定风险防范机制研究。首先，基于多中心主体共治的视角，从治理目标、结构、框架体系三方面提出重大工程环境损害的社会稳定风险网络治理模式；再次，针对多元利益冲突和风险传播扩散两个治理内容，提出多元利益主体协同治理机制、风险传播扩散的网络化治理机制，完善重大工程环境损害的社会稳定风险治理的机制体系。上述研究内容间的关系如图1-3所示。

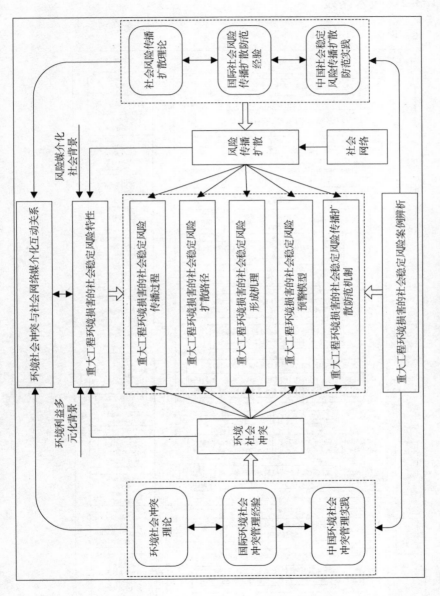

图 1-3 研究内容的结构示意图

1.3.2　技术路线

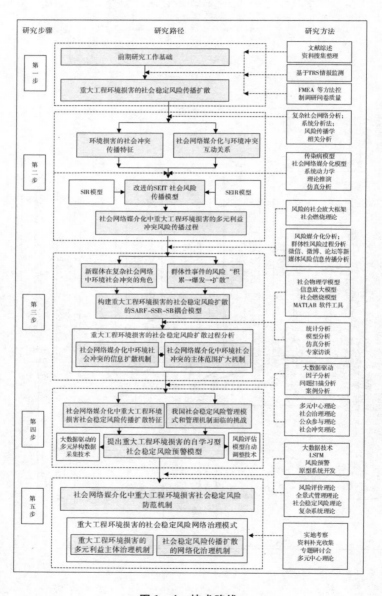

图1-4　技术路线

1.4　研究方法及创新

1.4.1　研究方法

（1）实地调查法。在前期研究基础上，选取启东污水排海事件、宁波镇海 PX 事件等多个典型案例进行实地调研和相关数据搜集，进一步对我国重大工程环境冲突及社会稳定风险治理现状进行分析，为社会网络媒介化下重大工程环境损害的社会稳定风险传播扩散的治理及研究奠定了基础。

（2）理论分析法。阅读大量的文献资料，包括政府制定的工程项目管理章程和社会稳定风险治理办法等相关政策法规，社会网络、系统动力学、传染性模型等相关书籍、著作，以及重大工程环境损害相关利益主体的分析研究，在此基础上进行综合归纳、比较分析。

（3）模型分析法。结合风险的社会放大框架（SARF）研究重大工程环境损害的社会风险扩散机制，并将其与传染病模型（SIRF）、社会燃烧理论（SB）等进行耦合，建立重大工程环境损害利益冲突的 SARF – SIRS – SB 耦合模型。针对环境群体性事件产生、发展、变化的阶段性媒介化风险自身特性和演化规律来设计预警体系，基于机器学习算法建立重大工程环境损害的社会稳定风险预警模型与分析框架。

（4）动力学仿真方法

利用 MATLAB、Vensim、NetLogo 仿真平台，通过构建系统动力学模型，根据系统分析的目的，考察重大工程环境损害的社会风险传播系统中各主体性质及其相互关系，建立能描述系统结构或主体行为过程的、具有一定逻辑关系的数学仿真模型，据此运用 MATLAB 软件对仿真模型进行定量试验，以获得正确决策所需的各种信息，进一步探索现实案例中伴随环境损害谣言而生的社会风险如何传播。

1.4.2 研究创新

（1）从社会网络媒介化视角将社会放大框架中的"放大站"具体化，考虑不同类型社会放大站对重大工程环境损害社会风险扩散的具体影响。

本书区别于以往学者单纯从工程项目社会影响或者社会群体性事件角度对重大工程环境群体性事件进行研究，而是聚焦社会放大站在风险扩散中的作用，将风险信息传播媒介按主导主体不同进行分类，对应不同类型的社会放大站，并通过仿真分析研究不同类型社会放大站对重大工程环境损害社会风险扩散的具体影响。打开风险放大过程的"黑盒"，提供了研究重大工程环境损害社会风险放大的另一种可行的路径。

（2）改进了谣言传播模型在重大工程环境损害谣言传播中的应用，综合考虑"政府—公众—媒体"三方主体的行为互动对社会风险传播的具体影响。

重大工程环境损害的社会冲突事件和社会风险传播与环境损害谣言息息相关，谣言传播过程伴随着对社会风险的放大与扩散，通过构建改进的谣言传播模型对抽象的社会风险传播过程模拟仿真，强化了社会风险传播中的主体性对过程的影响，同时在环境损害谣言传播模型的构建中，创新性地将所有知道谣言而不传播的人定义为潜伏者，避免了因区分潜伏者和免疫者而产生的主体冗余、辟谣对象表征不明显问题，为政府有效化解由环境损害谣言引发的社会风险提供理论参考。

（3）利用大数据的技术对当前动态、交互的媒介化风险进行自动化、智能化和实时化的危机预警支持，设计社会网络媒介化重大工程环境损害的社会稳定风险预警框架。

建立在"片状"数据基础之上无法揭示复杂社会网络中重大工程项目环境损害的社会稳定风险传播扩散机理，也无法有效预测其社会稳定风险演变规律，致使从管理制度和手段上防范重大工程环境损害的社会稳定风险面临挑战。而运用大数据技术对重大工程环境损害群体性事件展开信息筛选、精准预警和趋势研判，及时采取事前控制措施，实现了重大工程环境损害群体性事件的精准预测、干预评估和动态调整，为预测重大工程投资项目环境损害社会风险提供了技术保障，弥补中国现阶段"维稳"治理所面临的缺陷问题。

第二章 相关概念界定与理论基础

2.1 相关概念界定

2.1.1 社会网络媒介化

社会系统是一种特殊的复杂大系统，社会网络是对复杂社会系统的一种抽象描述，它突出强调系统结构的拓扑特征，具有一般网络的普遍特征，由节点和联结节点的边组成。其中节点是指一个社会单位或者社会实体，也可以是个体，行动者"Actor"；而连接点的边则是各个行动者之间的关系。媒介对社会生活的不同方面产生了长期的、不断增长的相互渗透作用，通过对现实的渗透，媒介又构建了新的交往情境，这一过程称之为媒介化（Hepp & Krotz，2007；戴宇辰，2019）。而媒介化社会则是媒介与社会之间互动关系模式的一种表述，受众对于信息的依赖与需求是媒介化社会形成的前提，媒介技术的发展和演化则为其媒介化的形成提供了可能性。

社会网络媒介化是媒介效果向宏观社会网络的一种延伸，指社会、文化以及不同层面的社会系统之间的互动模式由于不断扩张的媒介影响力而发生改变的社会进程，一方面指媒介对于社会生活的渗透；另一方面涵盖了媒介与社会、文化系统的相互作用和影响。媒介通过对社会网络的全方位"占有"和"渗透"，对社会网络内部不同层面社会系统的方方面面产生长期的、持续性的影响。社会网络媒介化集中在媒介如何"介入"社会生活的不同层面，特别是建制化的社会实践，如政治、文化、宗教和教育，强调不同领域和不同层次上的社会进程与媒介的不可分离关系以及媒介所造成的复杂的社会后果。

2.1.2 重大工程环境损害

任何重大工程项目的兴建，都会使自然环境和生物群落的平衡稳态受到不同程度的破坏，引发局部地区出现程度不一的生态退化，即在重大工程推动社会经济发展的同时，将不可能规避会对生态环境产生损害的负面影响。重大工程环境损害包含直接损害和间接损害两部分，即"对环境的损害"和"经由环境对人的损害"。

（1）"对环境的损害"

重大工程项目建设对自然环境造成的直接损害是指工程项目建设过程中由于人类活动使环境遭受的不利影响，如物种多样性下降、土地沙漠化、地质灾害、生物群落失衡等环境退化现象。重大工程会直接破坏生态系统，造成生态环境物种多样性下降，如高速公路建设对植被的破坏和物种的隔离、大坝建设对洄游性鱼生生物的影响、水库淤积对下游水生生物的消极影响等，由重大工程项目建设引发的如滑坡、泥石流、崩塌等地质灾害也会损害生态环境稳态。

（2）"经由环境对人的损害"

"经由环境对人的损害"是指由于工程项目建设引发的环境问题而给人类带来的间接损害。重大工程建设通过大气系统、水资源系统和地壳系统间接破坏生态环境，譬如，水生生物多样性乃是基于河流形态多样性，而水利工程改变了河道形状，造成河流形态统一化，导致水体污染和生物多样性降低。以莱茵河为例，河流改道和堤坝建设大大降低了河岸森林覆盖率，减少了生物种群数量。

表面上看，人类活动"对环境的损害"对象是环境，实质上由于人在环境中的地位以及与环境的密切关系，"对环境的损害"也是对人的损害，只是未表现为对人的直接损害，而是以间接方式造成其个人利益或者公共利益受损，即"经由环境对人的损害"是人类活动"对环境的损害"积累的必然结果。

2.1.3　环境损害的社会风险

（1）环境损害的社会风险内涵

环境风险是指人类行为或活动对人们所赖以生存和发展的环境产生破坏作用的可能性，简而言之就是环境污染发生的可能性。许多环境污染型工程项目引发当地居民示威反对的原因并不仅是该项目已经造成了当地的环境污染（现实损害），还包括人们对该项目"可能带来"污染问题（潜在损害）的担忧（华智亚，2014）。环境损害的社会风险是指重大工程项目引发社会风险致使社会失稳的可能性。环境冲突是社会冲突的"导火索",由环境损害引发的社会稳定风险是社会发展的必然。环境损害涉及财产损害、人身损害、精神损害以及环境污染等带来的公共环境利益受损,这将引发环境利益冲突,而利益冲突又是社会冲突的导火索,当社会网络中的环境利益冲突积累到一定程度,系统运行秩序将会紊乱,诸如环境群体性事件等社会不和谐现象将频频发生,引发社会失稳。

环境损害的社会风险涵盖现实风险和潜在风险两部分,分别与重大工程环境损害涵盖现实损害和潜在损害相对应。其中,现实风险体现在现实的灾害、健康和经济风险等方面,而潜在风险则主要表现在政治、法律和国家安全风险方面。无论是潜在的政治、法律和国家安全风险还是现实的灾害、健康和经济风险,都是由于环境冲突中的不确定性因素给人、自然和社会带来的可能的负面影响和实际损害,造成社会矛盾的多层次累积,最终引爆社会稳定风险。

（2）环境损害的社会风险源头

环境损害的社会风险源于环境受损带来的环境效应和由此产生的社会利益矛盾带来的社会效应共同作用引发的环境冲突。环境冲突在我国已广泛存在,但目前完善的环境损害赔偿制度等相关法律法规尚未建立,公众缺乏合理、合法的利益诉求渠道和公共参与平台,且重大工程环境损害社会风险扩散的参与主体具有多元性,包括政府、社会组织、传统媒体、新媒体、企业和社会公众等多种社会力量,不同社会力量代表不同的利益集团和价值取向,对重大工程环境损害的认知差异和利益诉求分歧导致多元主体间往往存在摩擦和矛盾,矛盾的激化将导致环境群体性事件频发,引起环境损害的社会风险扩散"失控",威胁我国社会稳定。我国目前处于环境敏感期,环境群体性事件已成为威胁社会和谐稳定的关键因素。环境群体性事件分为污染型和风险型两类，其中，由于缺乏风险沟通致使政府、企业、专家和公众对风险问题的认识不一致所诱发的风险型群体性事件超越现实的污染型群体性事件，成为环境群体性事件发展的新趋势。

环境损害的社会风险隐藏在社会发展之中，是普遍存在的，如果环境问题处理不当或未妥善解决，所积累的社会矛盾到一定程度就会致使社会失稳。由于重大工程项目建设规模大、持续时间长、面临问题复杂，尤其是工程建设后会不可避免地伴随征地拆迁、环境污染、生态退化等社会问题，容易引发社会风险、社会冲突和社会风险累积，即社会风险多且集中，极有可能对社会稳定造成冲击。

2.1.4 社会稳定风险治理

（1）社会稳定风险治理的内涵和目标

社会稳定风险治理是政府或公共机构为维持社会稳定、经济持续发展，从风险源头、传播途径、补救措施等方面控制社会风险信息传播扩散，从而避免可能引发的社会失稳的举措。由于政府治理的目标往往包含维持社会稳定，社会稳定风险是政府"维稳"的主要管理对象。重大工程环境损害的社会风险具有高发性、集聚性、交织性、并发性、传递性和累积性，复杂化了重大工程环境损害的社会风险对社会稳定的冲击，为了有效地防范重大工程环境投资建设引发社会失稳，需要对重大工程环境损害的社会稳定风险进行治理。

（2）社会稳定风险治理的主体

重大工程环境损害社会风险放大的参与主体具有多元性，包括政府、媒体、社会公众，具体如下：

1）政府是重大工程项目环境损害社会风险治理的主导力量，拥有绝对的社会资源和管理权威。政府在社会风险治理中担任两种角色，既应作为主导者号召其他治理主体共同搭建多元主体治理平台，又应充当合作者与其他治理主体平等协商、共同合作；

2）媒体是重大工程项目环境损害社会风险治理的核心参与者和舆论引导者，科学的媒体报道能起到传播知识、化解谣言的作用。由于具有典型交互性、及时性与海量性，以微博、微信、百度贴吧为代表的新媒体逐渐成为民意表达的首选方式，新媒体用户量大、信息交换速度快，环境损害风险信息可在其内部迅速传播扩散。因此，为控制重大工程项目环境损害社会风险扩散，传统媒体和新媒体是重要抓手；

3）公众是重大工程项目环境损害社会风险治理的基础力量，公众参与到社会风险扩散过程，在政府、传统媒体以及新媒体外部放大站的作用下，使得社会风险在系统内部放大。因此，公众是重大工程项目环境损害社会风险治理的关键主体之一。

（3）社会稳定风险治理机制

由于重大工程环境损害社会风险扩散的参与主体具有多元性，不同社会力量代表不同的利益集团和价值取向，对重大工程环境损害的认知差异和利益诉求分歧导致多元主体间往往存在摩擦和矛盾，矛盾的激化将导致环境损害的社会风险扩散"失控"，唯有在协同多主体共同协商达成多元共识的基础之上，才能有效控制重大工程环境损害的社会风险扩散。此外，由于重大工程环境损害事件具有复杂性、关联性和不确定性等特征，主体社会关系复杂，如果不协同各方主体，诸多因素将导致风险扩散，任何一个社会治理主体都不具备解决此类复杂问题的全部资源和能力，需要多元主体在环境损害社会风险治理中高度协同，建立社会协同治理机制（范如国，2014）。

2.2　社会网络媒介化与社会风险的传播扩散

2.2.1　社会网络媒介化形成特征与社会影响

（1）社会网络媒介化的形成特征

社会网络媒介化的典型特征是媒介传播对社会网络的全方位覆盖以及媒介影响力对社会网络的全方位渗透，与传统社会网络相比，社会网络媒介化后，其信息传播能力、范围、广度都得到了提升。具体而言，社会网络媒介化的形成特征有如下四点：

1）复杂性

媒介化社会网络相比于普通社会网络具有更加复杂的网络拓扑结构，加大了各类信息在社会网络中传播的速度、深度和广度。在媒介化中，社会网络、大众媒介是现代人的第一信息源，自媒体等新媒介改变了社会网络拓扑结构、利益主体个体间相互作用，也可以改变社会风险扩散形式和路径，使得社会网络媒介化中的社会风险更加趋于复杂化、多元化和网络化，加快了社会风险向社会危机转变的过程。当下媒介对社会的影响无论是在广度、深度还是影响形式和规模方面都远超历史任何时期，媒介与社会的关系更为复杂，大众媒介正超越传统的信息传播功能，开始重构人们的生活方式甚至是意识形态。

2）传导性

风险信息在媒介化社会网络中的传播途径由传统的大众传播、群体传播和人际网络传播转变为立体化传播。如果说传统媒体释放了人类的视觉和听觉，扩大了民众的信息知情权，那么媒介化社会网络则在此基础上增强了人类"说"的权利，即表达自身态度、意见、情绪的权利，每个人都是一个信息发送者和接受者，这些信息在立体、交互的媒介化社会网络中可爆发式传导。

3）动态性

社会网络媒介化是从时间和空间推进的一个过程，在社会网络媒介化中，媒介与其他社会机构的运作互相镶嵌，在技术进步和制度完善的过程中通过传播行为产生动力，进而成为社会网络媒介化过程的一部分。这一过程既反映了社会与文化的变迁，也反映了媒介以及经由媒介传播的传播行为和信息的变化。媒介与社会、经济、文化、政治等相互渗透形成了一个互相依赖、相互作用的有机整体，媒介传播对社会网络的全方位覆盖以及媒介影响力对社会网络的全方位渗透并非是固定不变的，而是一个不断发展和更新的过程，始终存在动态因素，社会网络媒介化也是一个开放的、动态的、发展的进程。

4）交互性

社会网络媒介化把媒介与社会系统不可分割地结合在一起，社会网络与媒介经由人类实践呈现一种互相构建的交互关系。一方面，媒介作为社会系统最活跃的一部分，通过持续的信息交流和沟通，深深地嵌入社会其他系统之中，影响社会的政治、经济、文化和一切其他系统，受众对媒介的依赖越发增强；另一方面，媒介发展依赖于社会技术进步，受社会政治、经济、文化等各方面的影响，公众对媒介的使用、管理等过程的参与，对媒介的认知和评价也在改变着媒介的发展趋势。

（2）社会网络媒介化的社会影响

我国正处于转型社会、风险社会和媒介化社会叠加时期，社会网络媒介化是这一时期的重要社会特征。基于媒介最基本的信息传播功能，社会网络媒介化加速了包括社会风险信息在内的各类信息在社会网络中的传播扩散，扩大了信息传播范围。特别是自媒体等新媒介融合到了社会网络中，作为一种新的社交网络传播途径与传统媒体存在着共生和伴生的关系，丰富了信息传播途径、改变了原有社会利益关系、重塑了社会冲突传播形式、复杂化了社会网络结构，致使现代社会网络呈现出大数据"4V"特征明显化、传播扩散机制复杂化和社会稳定风险融合化特性，进而对危机传播产生了两个重要的影响：一是风险的媒介化迁移；二是媒介化风险的形成。

传统媒体针对某一事件发表权威信息后，新媒体开始围绕该事件展开激烈讨论，进一步扩大了传统媒体的影响力，事件信息经由传统媒体、新媒体构成的复杂生态关系传播扩散，其传播的广度和深度都得到了大幅提升，可能造成的影响有利有弊：

一方面，社会网络媒介化提高了信息可获得性，降低了谣言发生概率。科学的媒体报道会起到传播知识、化解谣言的作用。各级政府在做出可能造成环境污染的重大决策时，若能及时公开相关信息加强沟通，则有助于阻止小道消息蔓延，避免环境群体性事件发生，以维持社会稳定。政府借助传统媒体公开辟谣的措施也会通过媒介化社会网络迅速传播扩散，解除风险谣言对社会公众的误导，降低环境群体性事件发生的可能性。

另一方面，社会网络媒介化放大了社会风险失稳的可能性。由于新媒体逐渐成为公众参与和民意表达的主要途径，隋岩（2012）研究发现，新媒体为谣言滋生和加速传播提供了有利条件，加剧了风险传播扩散，初始事件经网友"挖掘""爆料"后往往会使得舆情被不断推高（高宾、王兰成，2019），舆情信息经过扩散效应被逐级放大（李刚，2011）。随着重大工程环境损害社会风险扩散范围不断扩大，风险信息的受众越来越多，集体非理性行为发生的可能性大大增加，一个微小的导火索事件就有可能引爆社会风险，引发社会失稳。

2.2.2 重大工程环境损害社会风险传播的社会网络媒介化作用

（1）社会网络媒介化在重大工程环境损害社会风险传播中的作用

随着社会公众生活水平的提高，公众的环保意识、对生活质量的要求以及对环境损害的敏感性也随之增强，重大工程环境损害问题越来越受社会公众关注。社会网络交织而成的媒介化社会网络是重大工程环境损害社会稳定风险传播的重要载体，社会网络媒介化将从信息源、传播渠道、影响范围三个层面作用于重大工程环境损害社会风险传播。

1）从单一风险信息源到多元化衍生信息源的转变。社会网络媒介化使得重大工程环境损害风险信息可沿着复杂的社会网络从单一风险源头迅速滋生出多个衍生信息源，新的衍生信息源通过交互作用产生更多互相交织的风险信息，在源头上对重大工程环境损害社会风险传播扩散起到促进作用。

2）改变了风险信息传播介质，丰富了风险信息传播渠道。无处不在的信息传播媒体已经成为重大工程环境损害社会稳定风险形成的重要社会背景。媒介化社会网络为重大工程环境损害社会风险传播提供了传播介质，媒体尤其是新媒体成为公众认知风险、掌握信息的主要渠道，使得重大工程环境损害的社会风险得以在社会网络中迅速、大范围、持续传播。社会网络媒介化的出现和发展打破了信息传播与数据流动的区域局限，改变了传统的信息传播介质、多元化了风险信息传播途径。

3）提高了风险信息传播速度，扩大了风险信息传播范围。无论是直接的"对环境的损害"还是间接的"经由环境对人的损害"，微小的环境损害事件经过媒介化社交网络均可以迅速、大范围、持续传播。社会网络媒介化作为社会稳定风险传播的"助推器"，提高了风险信息传播速度，扩大了风险信息传播范围。特别是社交论坛、微博、微信、QQ 等自媒体的风险传播已经成为环境冲突激化社会稳定风险的重要一环，环境损害风险信息可在其内部爆炸式传播。

（2）社会网络媒介化中重大工程环境损害社会风险传播的途径

在社会网络媒介化中，媒体是环境损害事件社会风险传播的核心参与者和舆论引导者，媒体塑造风险感知并引发公众的风险行为，公众通过媒体认识和评价风险的严重性以及发生概率，重大工程环境损害的社会风险信息通过媒体传播扩散，作为重大工程环境损害社会风险传播的途径，媒体包括传统媒体和新媒体两大类：

1）传统媒体。根据我国国情，以广播、电视、报纸为代表的传统媒体是信息传播的官方、主流渠道，这决定了传统媒体在报道重大工程环境损害风险事件时往往具有一定的局限性，通过传统媒体传播的信息量相对较少，且传播途径也相对受限，时效性有待提升，但传播的内容具有较高的可信度。传统媒体报道重大工程环境损害风险事件往往采用"单向传播机制"，即将固定的信息附加于特定的载体（广播、电视、报纸），然后"一对多"地强制性传播开来。鉴于特定载体资源的难获得性，此类传播方式很难接收到群众的反馈。官方信息缺位将导致民间信息泛滥，若民众的知情权和发言权得不到保障，流言甚至谣言就会通过非正规渠道传播扩散；

2）新媒体。随着信息化、网络化、媒体化发展，以互联网为支撑的微博、微信、贴吧、抖音、QQ、社交论坛等新媒体逐渐成为公众参与和民意表达的主要途径。与传统媒体相比，由于新媒体的受众普及和应用程度较高，且传播信息的局限性较小，新媒体所能传播的信息量远远高于传统媒体。此外，新媒体传播重大工程环境损害风险信息时，每个公众都是信息发送主体，"多对多"的传播机制加速了环境损害话题的讨论，相对于传统媒体传播速度更快，达到的传播范围也更广，更易引发环境维权、集体游行等环境群体性事件。

社会网络媒介化将传统媒体、新媒体进行整合，交织成复杂的媒介化社会网络，促进重大工程环境损害的社会风险信息在其内部快速传播。重大工程环境损害社会风险在社会网络媒介化中的传播途径如图 2－1，首先，重大工程投资建设不可避免地会对生态环境造成损害，表现为直接的"对环境的损害"和间接的"经由环境对人的损害"，环境损害经由传统媒体、新媒体与正常社交网络交织而成的媒介化社会网络传播，积累社会矛盾和社会冲突，突发事件作为导火索，引爆社会风险，最终造成社会系统失稳。

2.2.3 重大工程环境损害社会风险扩散的社会网络媒介化作用

（1）社会网络媒介化在重大工程环境损害社会风险扩散中的作用

媒介化社会网络已成为重大工程环境损害社会风险信息扩散的中枢，因风险传播过程中不同参与主体的风险认知、价值取向和利益诉求

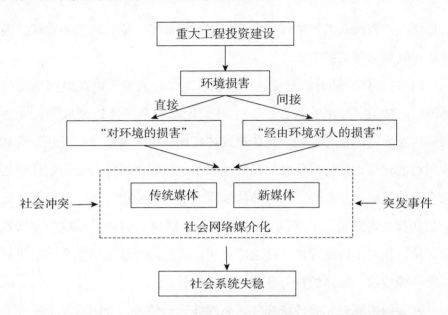

图 2 - 1　社会网络媒介化中重大工程环境损害的社会稳定风险传播路径

等方面的差异，尤其在跨媒介、跨文化的信息传播过程中，重大工程环境损害的社会风险信息传播极易发生"话题"漂移，演化为风险舆情扩散。社会风险信息传播同病毒传播相似，经过层层发酵，往往伴有扩散趋势，社会网络媒介化是促进重大工程环境损害社会风险扩散的关键。

　　在当今媒介化社会中，媒体为赚取收视率进行的无中生有的编造或偏激的舆论导向会引起大批缺乏理性判断的社会公众不加判别地接受媒体报道，甚至产生非理性的群体性行为。以微博为代表的新媒介对社会风险扩散更是起到了助推作用，网络新媒介用户群体多、关注度高、个体间联系紧密，一个很小的事件短时间内就可能得到大量转发，引起强烈的社会关注，最终可能导致集体非理性事件的发生，使得风险扩散。在重大工程环境损害社会风险扩散的过程中，社会网络媒介化起到了

"推波助澜"的作用。

（2）社会网络媒介化中重大工程环境损害社会风险扩散的途径

风险的社会放大框架（SARF）是研究风险信息扩散的主流理论，SARF 把公众对风险事件的关注度和风险感知水平逐渐提高的过程定义为"风险放大"，风险放大的过程是一个信息加工、建构、交流的过程和效应的传播过程，即社会风险传播扩散的过程。根据 SARF，风险放大会经历两个阶段：风险信息的传递阶段以及社会机制的反应阶段，其中风险放大站是风险信息在发送和接收期间发生信号放大（或弱化）的载体。风险的社会放大框架表明，媒体对风险进行定义、选择和加工，并通过传播渠道、放大站转移和放大风险，重大工程环境损害的社会风险在媒介化社会网络中传导扩散。

媒介化社会网络拥有看似松散实则联系紧密的网络结构，以微博为例，微博用户之间可以通过简单的关注行为与他人建立联系，获取风险信息，这种看似微弱的链接模式却拥有强势的信息传播效率。传统媒体、官方微博发布的引导性舆论与微博用户之间传播的自发性舆情相互交融、碰撞、传导，完成多级链式传播，并衍生出新的舆情信息，跨媒介、跨区域的舆情信息传播通过各类媒体不断放大（刘轶，2015），导致重大工程环境损害的社会风险层层扩散。社会网络媒介化中重大工程环境损害社会风险扩散路径见图 2 - 2。

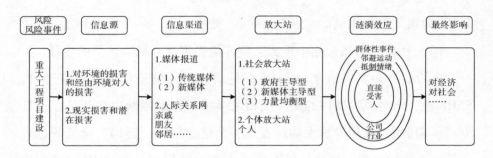

图 2 - 2　社会网络媒介化中重大工程环境损害的社会稳定风险扩散途径

2.3　社会网络媒介化与重大工程环境损害的社会稳定风险

2.3.1　重大工程环境损害的社会稳定风险特征

"重大水利工程建设→环境损害→社会失稳"是一个复杂过程，会伴随自然环境和人类社会的重构，使得社会各要素在时间和空间上所演化的情境成为一个无法控制的变量，而社会稳定风险与情境密切相关。重大工程运行作用影响涉及地质地貌、生态环境和人类社会等各个方面，尤其是自然和人类社会在重构过程中社会各要素在时间和空间上所演化的情境是一个无法控制的变量，运行后隐藏着众多社会风险。风险具有演变的特性，社会风险诱因多，其项目实施往往涉及移民、征地拆迁、生态环境、利益群体等问题，处置不当极有可能引发社会矛盾，冲击社会稳定。从实践的角度看，重大工程环境损害的社会稳定风险是动态的，与情境密切相关，而情境又是千变万化，社会稳定风险虽然在大多数情境中只是潜在的可能，但是这种可能对社会稳定具有很大的危害性。与一般工程投资项目相比，重大工程项目环境损害的社会稳定风险具有以下特征：

（1）社会稳定风险的高发性

当前我国正处于社会转型时期，社会稳定风险影响因素多，使得重大工程项目环境损害对社会的消极影响极易产生大量的社会稳定风险，导致社会稳定风险演化、爆发的比例高，这对于重大工程项目的社会安全和稳定造成了严重威胁。随着我国经济发展引发的环境损害问题越发严重，重大工程环境损害事件正与违法征地拆迁、劳资纠纷一起，成为引发我国群体性事件的"三驾马车"。如2010年相继发生的四川什邡钼铜项目事件、江苏启东污水排海项目事件、浙江宁波PX项目事件等重大工程环境群体性事件，对社会稳定构成严重威胁，引发了各界的高度关注。为此，由于重大工程项目的特性，重大工程建设的环境效应引发环境损害无法避免，环境损害的社会效应引起的社会矛盾正成为社会冲突的"导火索"，从而造成了社会危机具有高发性，对社会稳定构成严重威胁。

（2）社会稳定风险集聚性

重大工程环境损害的社会稳定风险集聚性内涵是：重大工程环境损害的社会稳定风险涉及群体主要集中在当地环境变化和工程移民，社会稳定风险集中在利益补偿和生活保障方面。由于重大工程项目区域多为社会经济发展落后地区，环境变化和移民多集中在社会基层，而《群体性事件研究报告》研究发现，社会稳定风险的集聚性与社会财富的集聚性正好呈负相关，即社会财富在上层集聚，社会风险在下层集聚。从三峡工程建设过程中万州群体事件分析来看，以"边缘化"的移民、失地农民和失业工人等群体居多，而类似的其他三峡库区群体事件也多以工程影响的弱势群体为主。究其原因不外乎重大工程建设过程致使这些群体利益受损，而期望补偿未得到满足，心理上产生不公正待遇。

此外，我国社会保障体系不完善，也是重大工程环境损害引发社会稳定风险集聚的主要原因之一，这是因为社会稳定风险在很大程度上就是社会民生问题，尤其是利益受损民众的社会民生问题未得到妥善解决，如就业、社会保障不足以及"看病难、看病贵"等问题。

（3）社会稳定风险交织并发性

重大工程环境损害的社会稳定风险主要体现在工程移民风险、工程建设与运行社会风险、经济调整社会风险和生态环境变化社会风险方面，而这些社会稳定风险之间存在着相互影响、密切相关的关系，隐藏着并发性。某种社会稳定风险一旦处理不当便可能引发"多米诺骨牌效应"，其他社会风险也随之爆发，演化为大规模的社会危机，严重危害社会稳定。此外社会稳定风险间存在交织关系，使得社会稳定风险"牵一发而动全身"，如环境损害风险也涉及工程移民风险、经济风险、文化风险、政治风险等，尤其社会结构重构风险具有连带和并发性，使得社会稳定风险总体上十分复杂。

（4）社会稳定风险传递性和累积性

重大工程项目规划和运行期间，由于缺乏相应信息披露渠道以及工程投资项目区域政府信息发布制度的不健全，会使得流言和谣言兴起。流言和谣言一方面会对重大工程环境损害产生认知的歪曲；另一方面会对重大工程建设行为进行歪曲，两个方面都会使得重大工程项目的社会稳定风险伴随流言和谣言发生传递，从而引发更大面积的社会风险，导致社会危机。

由于重大工程项目多为中央政府投资项目，既具有经济意义也具有政治意义，而在我国现有的政治体系下，地方政府在处理重大工程项目社会稳定风险上多表现为短期目标，致使重大工程环境损害引发的社会稳定风险在一定时期"沉寂"下来，但长期风险累积所产生的累积效应，会表现为加速交织影响，危害性极大。所以，社会稳定风险的累积对社会稳定和社会秩序构成了潜在的、相当大的威胁。

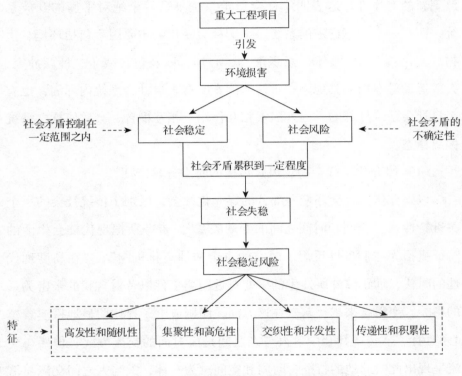

图2－3　重大工程环境损害的社会稳定风险及其特征

2.3.2　社会网络媒介化下社会稳定风险的结构

媒介化传播对社会生活的全方位覆盖和媒介影响力对社会的全方位

渗透，特别是自媒体等新媒介融合到了社会网络中，改变了原有社会利益关系、重塑了社会冲突传播形式、复杂化了社会网络结构，致使现代社会网络呈现出大数据4V特征明显化、传播扩散机制复杂化和社会稳定风险融合化特性。重大工程环境损害的社会稳定系统（LHPS）具有复杂系统特性，其"有序发展"，即社会系统有规则地从旧的有序性过渡到新的有序性，这表明了社会稳定系统不是一个绝对平衡的开放系统，而是一个动态稳定的系统。影响社会变化的主要因素包括环境、生物、文化、人口、技术、意识形态、心理，以及包含战争、种族冲突、人权运动等在内的其他因素。这些因素既有来自社会系统内部的，也有来自社会系统外部的，内外因素相互作用、相互耦合，会致使社会系统偏离稳态。

（1）媒介化下社会稳定风险传播的时空分延特征

以媒介作为社会环境一部分的媒介化社会，区别于传统社会的一个关键特性是"空间和时间之间的变动关系"。吉登斯把现代社会生活的特征概括为"制度性反思、时空的重组和抽离化机制"，"在高度现代性的时代，远距离外所发生的事变对近距离事件以及对自我的亲密关系的影响，变得越来越普遍。在这方面，印刷或电子媒体明显地扮演着核心的角色"。传统社会中，人与人之间是面对面的交流方式，传播与交流呈现出此时此地的特征，时间和空间融为一体，人与人之间交流与信任的基础是基于血缘或以往的经验型关系，是一种强关系的联系。媒介化社会里，传播与沟通越来越借助于大众传播媒介，摆脱了时间和空间统一的状况，时间和空间逐渐分离，人与人之间的关系与情感的维系逐渐瓦解，形成工具性的需要。信任往往是基于社会分工、劳动实践，而互联网却大大改变了社会人员间的信任基础。网络将信息推向全球，没有血缘和业缘作为信任基础，由科技革命发明而来的互联网使得信息的传播时空分延。

（2）媒介化下社会稳定风险传播的广泛性特征

现代社会的传播范围是全球性的，这势必会带来一种风险，一旦传媒在风险呈现过程中出现偏差，高度发达的现代信息技术很快就会将其全球传播，由风险和灾难所导致的恐惧感和不信任感将通过现代信息手段迅速传播到全社会，引发社会的动荡不安。这是一种现代社会的传播风险，而传统社会的传播，不管是传播的范围还是影响面都比较小，所产生的危害远远无法与现代社会相比。在媒介化社会中，网络媒体的出现，一方面先进的技术带来了信息全球性的自由传播；另一方面，大大加剧了信息传播带来的风险性。媒介的传播风险，已经成为现代风险社会的主要特征之一。贝克意识到，"知识在社会和经济上的重要性类似地增长着，随之而来的是控制媒体塑造知识（科学研究）和传播知识（大众媒体）的权力。在这种意义上，风险社会同时也是科学社会、媒体社会和信息社会"。网络传播由于技术本身的便捷性，使传播得以快速传递到全球成为可能，人们可以通过电子媒介获取到跨越物理空间的信息内容，同时，即时性的传播方式使人深刻感受到"当下"时间这种状态，并延伸到全球。

（3）媒介化下社会稳定风险传播的虚实结合特征

大众传播媒介构造的"虚拟世界"是对外部世界的反映，但不是对外部世界的复制。传播媒介并不是孤立的，而是在现实生活中系统化地存在，貌似眼见为实的媒介图景模糊了虚拟与现实的边界。一旦出现媒介所呈现的内容虚假或不完全真实的状况，人们仍然信以为真，并且通过各种方式广为传播，将造成巨大的社会风险。近年来，网络虚假信息和网络谣言传播、"以谣传谣"事件的不断发生，加剧了网络传播环境的混乱。网络所带来的不是个人的风险，而是全社会的风险，甚至人类文明的风险。媒介化社会的传播风险，其存在是媒介化生存的普遍反映，一旦潜在的风险上升为"危机"，对社会的危害十分严重，轻则引起恐慌，重则引发重大突发事件，对社会造成极其严重的影响。

2.3.3　社会网络媒介化下社会稳定风险传播过程

（1）媒介化下社会稳定风险的信息传播过程

社会系统是一个开放系统，无法避免外部冲击，并且社会系统脆弱性和协同性是一对相互矛盾、相互作用的力，在外部冲击下其脆弱性大于协同性时，社会系统存在失稳风险。利益冲突是社会稳定风险的根源，社会网络则是社会稳定风险传播扩散的重要载体，社会网络媒介化后，其信息传播能力得到了提升，传播范围、广度得到了扩大，风险事件（包括实际或假设的事故）除非被人类观察到并与他人交流，否则其影响力在很大程度上是无关紧要的或局部性的。作为传播过程的一个关键部分，风险、风险事件以及两者的特点都通过各种风险信号（图像、信号和符号）来描述，这些风险信号反过来与广泛的心理、社会、制度或文化的过程相互作用会增强或削弱风险感知度和其可管理性（包括风险行为以及由此产生的经济和社会后果）。

（2）媒介化下社会稳定风险的放大过程

重大工程项目的社会冲突风险不同于自然灾害等突发性风险，其不仅仅是纯粹的"客观性"存在，更是平等、公平、民主等主观价值通过塑造民众风险态度与行为所形成的社会建构。重大工程项目的建设引发的利益冲突经过政府相关部门、社会公众、媒体、专家、社会组织等放大站的影响，在网络、报纸、电视等多方面信息渠道的传输，在空间与时间上迅速扩散，加剧社会矛盾和社会冲突，造成社会的不稳定。随着媒体化社会的到来，风险被打上了越来越明显的媒介印记，与利益群体心理、社会、制度和文化状态相互作用，进而加强或减弱风险的感知并塑造风险行为。媒体在利益冲突过程中发挥着社会风险的再现机制、风险的定义机制、风险监督机制、风险的咨询/知识传递、社会冲突的沟通机制以及风险在社会站/个体站转化机制的功能。重大工程项目涉及因素复杂，多主体的媒介行为和冲突行为耦合，其产生的涟漪效应放大了多元主体利益冲突行为的复杂性和不确定性，尤其是非直接利益主体参与冲突，进一步增大了社会失稳的可能性。因此，重大工程项目利益冲突风险的来源是多利益主体之间的冲突放大，利益相关者之间存在的利益冲突经过风险的社会放大机制被多重放大，产生涟漪效应，从而引发社会稳定风险。

（3）媒介化下社会稳定风险放大的阶段性分析

重大工程环境损害是重大程建设社会系统的外部冲击力，与一般社会系统一样，重大工程建设引发的社会系统脆弱性大于其社会系统协同性时，存在失稳风险。风险放大理论认为风险性质和重要程度由风险的社会放大的信息系统和公众反应的特性决定，其框架包括两个部分，对应风险的社会放大的两个阶段，第一阶段是风险和风险事件的传播阶段，在此过程中，来自风险事件的信号被转换进而影响公众对风险的认知和第一序位行为反应，风险和风险事件通过信息渠道、放大站（包括社会团体、公共机构和个人，如新闻媒体、记者、研究院、政府部门、社会群体及其成员等）、机构与社会行为等步骤被多次放大或弱化；第二阶段主要强调风险经过第一阶段的强化或弱化后产生的"涟漪效应"及最终影响，涉及对风险认知的放大和次级后果之间的直接联系。整个社会网络媒介化下社会稳定风险传播过程如图 2-4 所示。

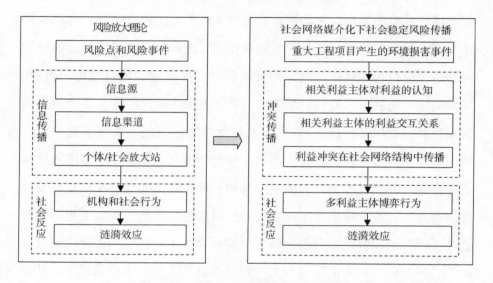

图 2-4　社会网络媒介化下社会稳定风险传播过程

2.4　重大工程环境损害的社会稳定风险治理问题

2.4.1　重大工程环境损害的风险态与政府公共职能

（1）全方位风险成为重大工程环境损害发展的基本态

重大工程环境损害的社会稳定风险是社会系统中的重大工程环境损害的风险积累到一定程度，使得社会系统发生社会无序化和社会环境不和谐的可能性。重大工程环境损害的风险隐藏在社会发展和环境系统中，是普遍存在的，由于社会风险引起社会失稳，累积到一定程度就会危及社会稳定。

首先从风险形态来看，风险是社会系统功能弱化的前期状态，重大工程环境损害则是社会系统功能弱化的后期表现，二者之间是一个连续的系统。社会风险到重大工程环境损害的演化逻辑从时间上可以分为风险发生、风险传播以及风险管理三个阶段。其次，从公共性层面角度来看，风险是重大工程环境损害发生的概率，是重大工程环境损害造成损失的不确定性，强调的是事物未来发生或发展的趋势和方向，是一种可能性；重大工程环境损害本身更侧重于已经发生的损失，以及这种损失所附带的经济、政治、社会等方面的不良后果和负面影响，强调的已然过去的事实。最后，从事物发展的先后时间顺序来看，风险在前，重大工程环境损害在后，二者之间是前因后果的联系。风险是重大工程环境损害产生的根本原因，重大工程环境损害是风险带来的直接结果。因此，风险的性质决定了重大工程环境损害的性质。

在时间和逻辑上，重大工程环境损害风险态的演化和危机的生成往往表现为一个渐进的过程。在现代社会中，危机不是偶然发生的。随着人与人之间、人与自然之间的交流日益深化、频繁、复杂化，新的不确定性因素不断出现，社会生活节奏的加快，各种重大工程环境损害出现的频率也更高。在风险社会中，不确定性的增加营造了重大工程环境损害出现的整体背景，"生产力的指数化增长，使得危机和潜在威胁的释放达到了一个前所未有的程度"。重大工程环境损害的风险态也不仅仅是被认知的客观现实，随着人们认识上的进步而将原来并非社会风险范畴的事物划归为社会稳定风险，逐渐呈现出"集体的构建物"。

（2）不同阶段下重大工程环境损害风险治理的政府公共职能

重大工程环境损害的社会稳定风险俨然呈现出越发强烈的不确定性态势，使得各国政府不得不面对日益复杂交织的风险图，风险治理是当代政府公共职能组成部分。就本质而言，作为公共权力机构，政府具有社会公益维系的应然性，尽管其具体职能在不同时空向度内存有差异，但最大程度维护社会公共利益，保卫社会正义、国民安全和发展权利，构成其合法存在的必然。诸如大规模环境污染事件等重大工程环境损害问题均给社会公共安全秩序带来严重威胁。抵御风险的巨大危害已绝非个人或某一机构有能力单独实现，需要强大的国家系统背景，需要政府在风险治理中承担不可替代的职责。根据中国工程建设程序法规中重大工程建设项目全寿命周期的五大阶段（前期阶段、准备阶段、实施阶段、验收与保修阶段和终结阶段）划分，在全寿命周期不同阶段下的政府职能表现不同，不同的治理手段会产生的后果存在差异性，重大工程各周期阶段的主要情况概括如下：

在前期阶段，由于法制缺乏健全性，环评中公众参与机制不健全，导致相关决策程序和信息的不透明、不公开，政府的公信力受到质疑。借助媒体的扩大宣传，网络舆情激化演变，公众的环保意识增强，为了生理需求和心理需求，持续关注并避免未来可能产生的环境污染问题，以公众利益的损失作为不公平诉求点而组织集体组织游行等行动，向政府提出经济发展与环保不平衡的反抗意愿。

在准备阶段，由于信息沟通机制不健全，政府与公众缺乏沟通，导致公众对政府决策不能及时了解，从而对政府的公信力产生质疑。通过网络的集中讨论评价、媒体的跟踪报道与扩大宣传，公众唤醒环保意识与民主意识，为了自身生理需求和心理需求，持续关注问题并避免未来可能产生的环境污染问题，最终采取集体游行等方式向政府提出抗议，要求政府拒绝批准重大工程的建设。

在施工阶段，由于政府监督和追责机制缺乏等，导致公众对企业的安全管理缺乏信心，由于政府与公众的沟通机制不健全，政府的公信力大打折扣，通过在网络上的口口相传，公众不满情绪激化，进而通过游行等方式向政府提出停工要求，以保证公众的生理需求和心理需求，确保经济发展和环境保护的协调发展。

在验收与保修阶段，政府为了片面追求 GDP，忽视经济发展与环保的协调性，对公众采取决策的不透明化或形式上的程序化，缺乏与公众的有效沟通，降低了政府的公信力。通过网络媒体宣传报道，网络舆情激化，在持续关注问题过程中，公众通过游行抗议来保障自身的利益，避免可能发生的环境污染或者避免已经发生的环境污染再次发生。

在终结阶段，由于环境污染的发生事实，公众采取规避行为，同时以集体请愿等方式向政府或中央相关部门寻求解决方案，以保障自身利益，解决存在的经济发展与环保不平衡、产业规划布局不合理等问题，通过网络媒体的跟踪报道，使环境污染事件知晓效应扩大。

研究表明，政策管理相关诱因始终贯穿于重大工程项目的全寿命周期，并催化社会风险的"发酵"，忽略管理体系的完备性很有可能会造成重大工程建设的"夭折"。因此，本书将从寿命周期理论出发，从重大工程项目建设的五大阶段来提出政府重大工程环境损害的社会风险治理的基本程式，系统分析现有管理体系存在的挑战。

2.4.2　政府重大工程环境损害的社会风险治理的基本程式

在国家公共领域，社会风险治理是一项系统工程，涵盖风险识别与分析、风险评估、风险决策、风险处置行动四项基本核心构面。一般的风险治理主要包括以下两个方面：一方面，风险识别与分析是在综合评判内部、外部环境信息的前提下，确定既有的或与组织目标实现相关的风险参数，设定风险治理范围和准则的综合过程；而风险评估伴随人们对风险问题的关注即成为研究和实践的焦点，其本质可归于用系统化的思维和方法确定行动重点或降低风险、优化风险—收益的平衡。另一方面，现代政府决策进程更大范围上注入了风险因子，由公共决策直接或间接引发的风险在当代人为的社会风险中占据越来越高的比例，风险处置行动是在风险既定确立情形下消除或降低危害的具体行为，包括风险置换、风险隔离、风险延缓等措施。

而在重大工程建设过程中，围绕环境污染问题引发的社会风险事件虽然涉及众多利益主体，但由于社会风险管理属于公共管理范畴，且由于风险监测、评估和预警工作具有较强的专业性，因此，必须在政府部门的直接领导下，设立独立的风险防范机构。同时在政府重大工程环境损害的社会风险治理的基本程式设计中，也应遵循协同理论和寿命周期理论设计管理体系的优化方案。协同性原则要求把重大工程环境污染的社会风险管理视为一个利益相关者相互协同的完整系统。通过调动政府、企业、非政府组织、媒体和公众等相关主体，明确各个主体的职责分工、运作流程与协同机制，最终实现管理系统总目标，促使重大工程既充当中国经济发展的"发动机"，又扮演中国社会的"稳定器"。

（1）政府重大工程环境损害的社会稳定风险的联合防范

重大工程建设过程中，围绕环境污染问题引发的社会风险事件虽然涉及众多利益主体，但由于社会风险管理属于公共管理范畴，且由于风险监测、评估和预警工作具有较强的专业性，因此，必须在政府部门的直接领导下，设立独立的风险防范机构。同时在环境损害的社会稳定风险防范机构设计中，也应考虑如何优化其他主体在风险防范中的作用。本书在遵循机构设计原则的基础上，按照风险防范的基本流程和矩阵型结构设计模式，对重大工程环境污染的社会风险防范机构设计如图2-5所示。

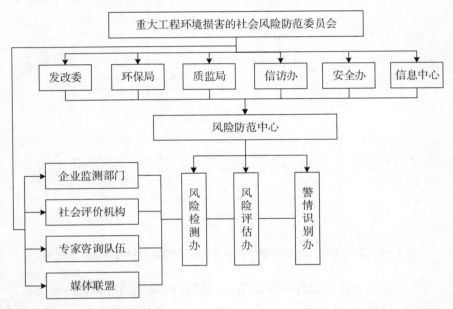

图2-5 重大工程环境损害的社会稳定风险防范机构

（2）政府重大工程环境损害的社会稳定风险的应对机制

重大工程环境损害的社会稳定风险应对应以法律与制度手段，由具体职能机构借助联动关系公正公开地实施相关社会风险的应对工作，在应对工作中主要承担环境性群体冲突事件的短期处置和长期治理任务。以重大工程环境损害的群体性事件为主要处置对象的社会危机短期处置需要遵循合法性、有序性、安全性、高效性的原则设计，环境群体性事件发生之后，由地方政府组织环保、建设、工商、科技和信息等部门共同组建环境群体性事件应急处置指挥中心，启动相应级别的应急预案，实现政府内部在不同部门间的横向联动和不同层级间的纵向联动，高效进行内部响应。政府的外部响应包括对企业的实时监测与评估、对媒体及时的信息公开、对公众的主动沟通。其主体结构和相互关系如图2-6所示。

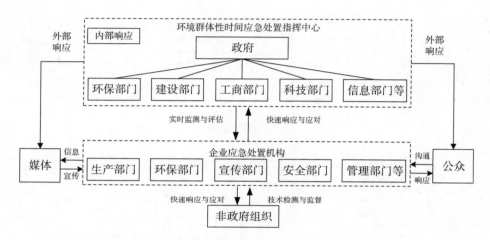

图2-6　重大工程环境损害群体性事件的社会稳定风险应对主体关联图

（3）政府重大工程环境损害的社会稳定风险的治理策略

重大工程环境损害的社会稳定风险演化为社会危机后，社会危机的短期处置和解决并不意味着公共危机的结束和社会风险的平息。Kasperson研究表明，灾难事件的后果远远超出了对人类健康或环境的直接伤害，导致更重要的间接影响，如义务、保险成本、对制度丧失信心、脱离共同体事务等。童星和张海波也指出，群体性突发事件是从社会风险到公共危机逐步演化的动态过程，牵涉众多的利益相关者，其根源是贫富、阶层、城乡、地区等结构性差异所造成的社会风险。因此，应对重大工程环境损害的社会稳定风险，除了通过恰当的策略妥善处置社会危机之外，还需要构建社会稳定风险长效治理策略，强调政府与公众等利益相关者的互动与沟通，实现利益相关者间权利和义务的平衡。本书设计的重大工程环境损害的社会稳定风险治理概念框架如图2-7所示。

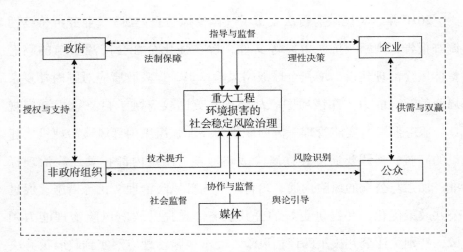

图2-7 重大工程环境损害的社会稳定风险治理策略

2.4.3 国际重大工程环境损害的社会稳定风险治理的主要模态

作为有效的治理工具，"风险治理"以不同形态出现于社会、经济、技术等不同管理领域，在国际社会重大工程环境损害社会稳定风险治理形成了多种概念模态，如欧洲风险治理理事会（Federation of European Risk Management Association）的风险治理标准（RMS）、澳大利亚/新西兰的 AS/NZS4360 风险治理标准、英国标准协会（BSI）的风险治理指南、国际标准化组织的 ISO31000 风险治理框架等，整体而言国际重大工程环境损害社会稳定风险治理的主要模态基本上遵循类似的逻辑单元和程式。我们认为，在国家公共领域，政府风险治理是一项系统工程，涵盖风险识别与分析、风险评估、风险决策、风险处置行动四项基本核心构面。

（1）渐进整体型风险治理——英国模式

2010 年，英国政府再次发布了《国家风险登记册》《业务可持续性调查报告：中断与抗逆力》等文件，旨在强化全社会广泛参与的政府整体风险治理建设，增强全球战略风险认识，提高政府应对国内外复杂局面的综合能力。在该项国家战略中，英国政府赋予自身承担制定规章、服务照顾、实施管理三方面职责，在加强组织内部风险治理机构建设的同时，强调要通过建立风险战略框架、制定内部相关风险治理标准、加强与公众的风险沟通、培育政府内部风险治理文化等措施，促进公共政策优化，并提供更好的公共服务。在提升政府风险治理能力领域，特别关注公共决策的评估风险，要求风险治理应落实到政府核心决策过程中，包括政策制定、预算执行、部门计划、服务管理、项目管理等诸多方面。英国内阁国民紧急事务秘书处专门制订了"国家风险评估"（NRA）方案，确定了 5 年期内风险并绘制约 80 个危害和威胁的风险矩阵，通过引入系统性风险分析工具，建构出极高（VE）、高（H）、中等（M）、低（L）等风险评判级别，确立风险识别、评估、应对等科学流程。

（2）综合型风险治理——加拿大模式

加拿大是较早意识到现代风险治理重大意义并实践探索的西方国家。加拿大政府将管理风险的能力视为政府有效公共服务能力，将风险治理视为公共部门重要工作职能之一，认为政府部门可以借助管理风险增加其实现既定目标的确定性，进而形成了体系较为完备的综合风险治理模式（也被称为"集成风险治理模式"）。2001 年，加拿大政府财政委员会秘书处签发公布"综合风险治理框架"（IRMF, Integrated Risk Management Framework），推进政府公共行政的风险治理导向的战略变革。该框架认为应站在组织整体高度认知现实风险并加强系统性管理，将风险治理与常态管理相结合，并强调通过风险沟通，强化政府公共服务意识。

IRMF框架将政府风险治理实践扩展到重大工程项目组织结构、功能、过程和文化之中，把风险治理与重大工程项目组织目标设计、业务规划、决策制定、绩效评估以及其他组织管理活动相结合，力图实现重大工程环境损害组织行为的全面风险研判。具体而言，它包括了四项政府集成风险治理系统实施要素：第一，确定重大工程环境损害风险态势，借助环境扫描等方法识别组织风险，评估即时风险状态；第二，建立综合风险治理功能，通过系统决策和信息传递，确保风险治理能得到组织内部最大沟通、理解和应用；第三，实践综合风险治理，在政府工作各个层面将风险评价结果集成到部门决策中，并应用各种适宜的风险治理工具与方法，保持与外部环境的风险沟通；第四，持续的风险治理学习，建立积极的风险治理经验学习氛围，制订风险治理学习计划并融入组织管理实践，从风险治理结果中寻求持续改进和突破。此后，加拿大情报机构与联邦政府部门联合，建立"全部危险源风险评估"项目（AHRA），为整合各类组织资源，拓展政府综合性风险治理奠定了基础。

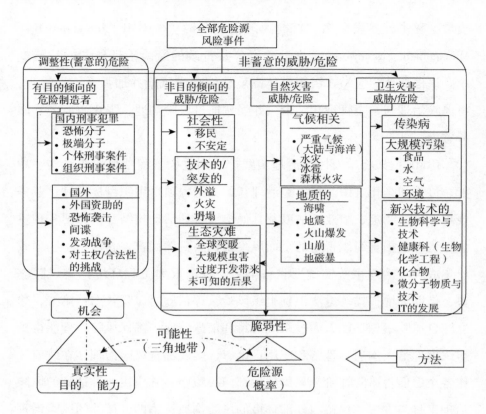

图 2-8 加拿大全部风险源分类系统

（3）国家安全型风险治理——美国模式

作为发达国家中的超级力量，美国政府极为重视国家层面的风险治理，将其提升至国家战略、社会稳定与民众发展福祉高度，政府风险治理已成为国家安全的核心构件。根据美国联邦审计署（GAO）的定义，风险治理被视为评判对财产、个人造成威胁的可能性，以及采取行动降低侵袭、事件危害的系统分析过程。该过程包括威胁、脆弱性、临界评估（或重要性评估）三大评估要素，不同评估侧重不同方面。威胁评估侧重恐怖袭击；脆弱性评估比较综合，涵盖组织内安全、财务、运输等系统分支等；而临界评估则针对国家及组织内重要资产和基础设施。

56

根据工业企业及私营部门实践建立了公共部门风险治理框架，包括五个主要阶段：确立组织战略目标，决定限制性因素；风险评估；评估风险应对备择项；选择恰当备择项；启动执行处置程序，监控运行进程及获得结果。

美国国家研究委员会（NRC）曾经提出了一个全新的风险决策框架，如图 2 - 9 所示，该框架将风险利益相关方的参与置于风险评价的核心地位，将传统专注于科学的、概率或数值定量化的风险结论环节演变成一个吸收与反馈并行的各方信息互通、协商的过程。而 M. Power 和 L. Mc Carty 在其系统研究中也指出，风险治理模型正趋向于较少的"技术统治论"，而强调风险攸关者在风险决策和管理手段上的角色，以实现多重社会目标。

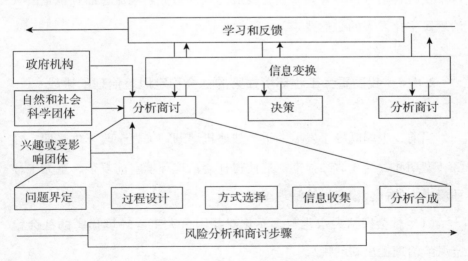

图 2 - 9　美国国家研究委员会（NRC）风险治理决策模式

（4）国际政府风险治理模态趋势：系统科学化与协同治理性的统一

随着"风险社会"和现代化、全球化观念在各国改革浪潮中的渗透，面对重大工程环境损害的社会稳定风险治理问题，政府风险治理研究和实践有显著增加的趋势，影响公共决策的风险理念越来越受到现代政府的重视，这也使当代政府的决策模式发生了一些适时的变化。有关区域与部门政府风险治理机制的规划和设计、国家或风险评价及应对模式的建设，业已成为国际政府公共治理活动的重要趋向。从当代各国政府发展途径和改革举动判断来看，风险治理日益引入现代科学评估工具，重视公共部门系统化改造，朝着利益相关方协同治理的方向演进。这不仅符合当今世界各国现代化发展进程的趋势和潮流，而且也是公共治理民主化发展的必然要求。

2.4.4　我国重大工程环境损害的社会稳定风险治理的挑战

当前，中国既处于发展的重要战略机遇期，又处于改革攻坚期、经济转型期和社会矛盾凸显期。这使得社会治理环境空前复杂，重大工程环境损害的社会稳定风险治理难度加大。

（1）社会舆情大众化与多元化对我国重大工程环境损害的社会稳定风险治理提出新的挑战

随着人们对大众媒介的依赖性越来越高，人们的信息源也越来越多地被媒介"控制"，成为"媒介控"，媒介因其社会信息沟通中介的特殊角色，对环境群体性社会稳定风险传播扩散过程具有重要作用，其社会稳定风险治理政策不可能忽视。现阶段中国的社会网络媒介化具有鲜明的中国特色，与我国特有的政治、经济体制以及独特的社会文化环境紧密联系。照搬复制西方发达国家的成功经验，无法贴合中国"维稳"实际。媒介化传播对社会生活的全方位覆盖和媒介影响力对社会的全方位渗透，特别是自媒体等新媒介融合到了社会网络中，改变了原有社会利益关系、重塑了社会冲突传播形式、复杂化了社会网络结构，进而对危机传播产生了两个重要的影响：一是风险的媒介化迁移；二是媒介化风险的形成。无处不在的信息传播媒体已经成为重大工程环境损害社会稳定风险形成的重要社会背景，新媒体已经成为公众认知风险、掌握信息的主要渠道，这些新特征削弱了传统工程项目影响和媒介化社会下政府的社会风险管理对重大工程环境损害社会稳定风险传播扩散规律的有效认识和准确把握，成为我国重大工程环境损害社会稳定风险治理的挑战之一。

（2）大数据时代信息迁移对我国重大工程环境损害社会稳定风险治理提出新的挑战

我国的重大工程涉及多方利益，往往是牵一发而动全身，如果决策有误，不仅会使政府的公信力受到挑战，而且会损害人民群众的切身利益，造成群众不满情绪的产生，一旦不满情绪达到极点，就会导致群体性事件的爆发。由于我国社会矛盾演变为社会冲突过程是在社会网络媒介化上完成，以社会网络和媒介为载体，各个主体节点以及节点之间的相互作用推动着社会稳定风险的发生和发展，而媒介耦合于社会网络媒介化中，复杂化了社会稳定风险的传播扩散，致使社会稳定风险衍生、传播、扩散的渠道日益复杂，越发显现出链式反应和随机性特征，而在社会稳定风险管理领域，数据状况一直是"稳评"及其风险管理的核心要素，而当前我国重大工程项目环境损害社会稳定风险评估则主要依靠人工问卷发放、有限次听证会以及政府门户网站意见反馈平台等传统方式采集数据，这些手段无法全面地捕捉到社会网络媒介化间的"信息"，其结果获取数据往往存在覆盖面有限、可得性差、时效性不足等缺陷，这也对我国重大工程环境损害社会稳定风险治理提出新的挑战。

第三章 社会网络媒介化中重大工程环境损害的社会风险传播过程分析

3.1 重大工程环境损害的社会冲突传播特征分析

3.1.1 国际重大工程环境损害的群体性事件典型案例

世界上许多国家和地区在工业化进程中都曾出现过重大环境损害事件。西方的大规模环境损害事件始于 18 世纪后半期工业革命，但是直到 20 世纪 60、70 年代才引起人们的意识觉醒，自此开启了长达 30 余年的绿色环境运动，是国际上具有代表性的由环境损害引致的群体性运动乃至社会运动之一。在由工业化导致的环境损害尚处于初发阶段时，污染源相对较少且损害范围不广，况且环境损害事件只发生在局部地区，造成的人员伤亡和财产损失也尚未达到引起社会关注的程度。而自上世纪六七十年代开始，西方环境污染迎来大爆发，主要资本主义发达国家相继发生了一系列灾难性的环境损害事件，其中最著名的是"世界八大公害事件"。1952年12月5日~8日的"伦敦烟雾事件"直接导致4000余人死亡，事件后的两个月内又有8000余人受烟雾慢性影响死亡；1952年的洛杉矶"光化学烟雾事件"也造成近400名老人死亡。短时间内集中爆发的环境损害事件以及其造成的众多生命财产损失引发了整个国际社会对环境损害严重性的恐慌，尤其社会主流的中产阶层对此最为关注。

在工业化的环境损害加重以致出现生态危机的时代，占总人口大多数的中产阶层更加强调生活条件而非经济增长，更加重视公民自由而非秩序，更加要求参与决策而非受制于人，更加宣扬直接民主而非间接民主。换言之，在基本生活有保障的前提下，作为社会主流的中产阶层相比其他阶层更关心环境质量问题，以及绿色、和平与持续发展等全球性问题。因此，中产阶层对西方"绿色运动"起到了重要的推动作用，更是"绿色运动"的中坚力量。1970年4月22日，为唤起人们对环境的保护意识及对资源的合理利用，美国各地约2000万人参加声势浩大的反污染游行和集会，日后这一天被定为"地球日"（刘德海，2013）。

西方"绿色运动"经过30余年的发展，不同时期对环境保护关注点不尽相同，关注问题包括化学药剂问题、核武和核动力、酸雨问题、臭氧层破洞和森林砍伐以及气候变化与温室效应等。"绿色运动"是整个西方社会工业革命后期环境保护运动的统称，其性质由简单的环境群体运动上升至20世纪90年代的国际政治行为和政党政治。由群众运动为主体发展到绿色政党的兴起，在欧洲各国绿党通过与社会民主党人的联合执政成为体制内的执政党之后，绿色运动表现出普及性、组织性上升、民间性、社会性降低特征。

3.1.2 国内重大工程环境损害的群体性事件典型案例

中国同西方类似，在经济腾飞期间环境损害便开始显现，并愈演愈烈。各类重大工程的落地是经济发展的见证，同时也不可避免地带来了许多环境问题。2012 年以来国内环境群体性事件呈多发态势，尤以重大工程项目相关的环境损害事件为甚，遍布在我国的东部、中部和西部地区，比较典型的有 2012 年的四川什邡宏达钼铜项目事件、宁波 PX 事件、江苏启东污水排海事件等。以下做简要描述：

（1）四川什邡宏达钼铜项目事件

2012 年 6 月 29 日，四川什邡市宏达钼铜多金属资源深加工综合利用项目举行开工典礼。宏达钼铜项目是四川省特色优势产业重大项目和四川省"十二五发展规划"重点项目，也是什邡历史上首个百亿级投资项目。在宏达钼铜环评报告获得国家环保部批复之后不久，互联网上却流传出关于该项目的环境污染问题。随着网络谣言不断升温，当地越来越多人陷入恐慌，因担心钼铜项目引发环境污染问题，当地部分群众到什邡市委、市政府聚集，并逐步演变为群体性事件。冲突事件过程中一度出现警民武力相对的混乱局面，且在政府驱逐闹事群众时有市民、民警因此受伤。最终什邡官方做出了停建并不再发展钼铜项目的决定，群体事件才终告平息。

（2）宁波 PX 事件

自 2007 年至今，由 PX 项目引发的环境损害与选址方面的争议已有多次，相继在厦门、大连、宁波、昆明等多个城市出现群体性运动反对 PX 事件。PX 是用于生产涤纶纤维、聚酯薄片，聚酯中空容器的原材料，实测研究，世界各国 PX 项目在正常生产运行情况下，对所在城市空气污染影响非常小。迄今为止，世界各国的 PX 装置均未发生过造成重大环境影响的安全事故。目前我国 PX 过半依赖进口，对外依存度已经上升至 55%。发展 PX 项目是发展炼油业资源的要求，也是出于国计民生的需要。然而从 2007 年的厦门 PX 事件开始，项目无不遭到当地群众的强烈抵制。

2012 年 10 月在浙江省宁波市，镇海区部分村民因镇海炼化一体化项目拆迁而集体上访，后因该项目中包含对二甲苯（PX）生产，在 10 月 25 日、26 日引起镇海区大规模封路抗议。此后抗议活动蔓延至宁波市中心的天一广场和宁波市政府，50 余人遭到警方控制，最终宁波市政府承诺不再建设 PX 项目，并停止推进整个炼化一体化项目。

（3）江苏启东污水排海事件

启东事件是于 2012 年 7 月 28 日清晨发生在江苏省启东市的一起大规模群体性事件。这起事件是由江苏南通市政府对日本王子制纸"排海工程"项目的批准触发。江苏启东市数万民众举行示威，示威者广泛散发《告全市人民书》，呼吁抵制王子造纸厂"将有毒废水排放到启东附近海域"，号召举行"保卫家园"行动。启东事件中，民意的呼声是"排海工程危害当地人健康，希望永久取消该工程"，而政府却以"暂停建设"进行回应，未能有效回应民众的利益要求。28 日，南通市政府做出决定，永久取消排海工程项目，从而使得民众情绪得以平缓，当地政府的舆论危机基本平息。可以看出在解决类似事件中，针对民众的核心利益诉求进行回应则能快速有效地化解危机。

3.1.3 重大工程环境损害的社会冲突行为基本特征

重大工程环境损害的社会冲突行为之激烈程度和破坏性不断增强，给处置工作带来极大挑战。特别是暴力抗争影响公共秩序、危害公共安全，甚至造成人员伤亡，对社会治理带来巨大的负面影响。于建嵘（2009）根据群体性突发事件的目的、特征和行动指向，将近十年来中国的群体性事件划分为维权型抗争、社会泄愤型事件、社会纠纷和有组织犯罪几大类型。其中，环境污染诱发的群体性事件基本上属于维权型抗争事件。不同于泄愤型等其他类型群体性事件，环境污染群体性事件的社会冲突行为特殊性在于：周边居民维护身体健康和周边环境安全的合法、合理利益诉求下，事态最终的解决途径基本上是以地方政府为主导，污染企业和周边居民等当事者通过协商谈判形式达成共识。

社会冲突行为在环境群体性事件中占主导部分，有必要对其做详尽分析。重大工程环境群体性事件中的社会冲突行为有以下特征：

（1）时间的可预测性

当民众利益受到损害时，他们通常以个人或群体形式进行利益表达，试图通过向政府求助或施压而减少、消除污染，或者要求经济利益补偿。在社会冲突行为发生前，受污染危害的民众往往已经历过相当长时间的抗争，大多以信访、上访等形式表达利益诉求。在长时间诉求无果的情况下网民呼声高涨、民怨沸腾，最终将导致社会冲突行为的发生。由环境问题引发的群体性事件很少是突发性的，往往经过了长时间的酝酿和累积的过程，而这个过程正是对环境群体性事件的预测关键期。

（2）支持的广泛性

由于环境污染问题直接影响受污染地区民众的生活质量和身体健康，各种污水、空气和重金属污染甚至会影响子孙后代，因而重大工程环境风险引发的谣言一旦形成规模，就往往具有很强的扩散性和影响力，短时间内就能得到该区域民众的广泛传播。相比于一般的社会冲突行为，重大工程环境损害的社会冲突行为通常是在其生存环境可能受到影响或者已经受到严重威胁，且多方反映问题而没有得到妥善解决的情况下引发的，这极易获得其他社会民众的支持和响应。

（3）目标的明确性

在重大工程环境损害的社会冲突行为中，民众通过一些或温和或激烈的方式表达不满情绪，参与者的目标往往非常明确：停止建设某个工程。无论是四川什邡宏达钼铜项目事件、江苏启东污水排海事件，还是宁波 PX 项目事件，都明确提出工程必须停建。与其他社会冲突事件相比，环境冲突事件的化解相对容易，只要污染项目被叫停，民众的行动基础和动力立刻消失，社会冲突行为也会随之停止。

（4）利益的多元性

重大工程环境损害的社会冲突行为中民众的利益诉求相对宽泛，参与民众不仅有因征地纠纷产生的经济利益诉求，还有因环境风险问题产生的环境权和健康权要求。这类冲突行为裹挟着各种利益诉求，至于项目是否科学、是否合规，已成为次要因素。在江苏启东事件中，一方面是民众担心排污入海管道项目会损害当地的海洋生态；另一方面，遭到反对的建设项目实质上牵涉征地拆迁、渔业受损等诸多复杂利益，而环保问题恰以正当性成为各种利益诉求的集中爆发点。

（5）网络媒介的作用

纵观近些年的环境群体性事件，参与者之所以能在短时间内达到"振臂一呼，响者云集"的程度，很大一部分原因归于网络媒介的信息传播。利益诉求者把对现实世界的描述和自身的观感发布到网络媒介上，经过传播和分享，存在相同现实体验的个体感同身受，产生情绪上的共鸣，多个情绪主体相互讨论和交流又会使本已调动的情绪持续发酵，这种情绪反过来又将作用于现实，转变为现实行动。行动的参与者或旁观者对现实行动进行网络跟进和记录，引发更多人的关注，催生更多人的情感共鸣，如此周而复始，形成了网络媒介对现实社会冲突行为的催化作用。

3.2 重大工程环境损害的社会冲突行为与社会风险传播网络

将已发生的群体性事件作为社会冲突行为的主要研究对象，这些群体事件大致可归纳为两种类型：一类是环境污染型群体事件，即环境污染已经发生，公众对环境污染事件及其处理不满，如垃圾焚烧事件等；由于体制内的信访、投诉等协调效果有限，暴力抗争成为解决问题的一种极端方式；另一类是环境风险型群体事件，即污染并没有发生，仅仅是出于对环境风险的防范而导致的群体事件，如 PX 项目抗议事件、核电站事件等。近年来由环境敏感项目与化工类项目引发的群体性事件约以年均29%的速度递增，而且对抗程度总体上明显高于其他群体性事件。根据利益相关者理论，对重大工程环境损害事件中的利益主体进行识别后，分析各利益主体之间的社会冲突行为特征，进而构建社会风险传播网络。

3.2.1 重大工程环境损害的利益主体识别

诸多学者对冲突已形成较为深入的研究，冲突是基于不同行为主体的不同期望，而产生行为或者心理上的矛盾甚至是对立的过程（于震红，2011）。根据重大工程环境损害事件的特点，在识别其社会冲突行为之前，需要对利益相关者和冲突行为本身加以识别。然而在不同类型的环境损害情况下，利益相关者之间的冲突表现也不尽相同。因此，在构建社会风险传播网络之前，首先要识别环境损害的具体类型，对利益主体和不同的冲突行为特征进行匹配。

根据已有文献对"社会稳定风险"和"重大工程项目社会稳定风险"的定义，可将"重大工程环境损害的社会风险"定义为：具有环境污染属性的重大工程项目在未来建设运营中可能会产生或实际已经产生对居民身体健康和生活环境的不利影响，因此引起群众抵抗、社会失稳的可能性。该定义包括两部分含义：第一是在重大环境污染型工程项目建设前期，公众由于担心未来项目会对自身健康和生活环境产生威胁而导致社会冲突的可能性，如厦门 PX 项目事件等。虽然重大环境污染型工程项目在未来运营过程中会有先进的技术和管理手段作为保障，生产环节对环境的影响极小，但是，由于公众对我国的技术和管理水平始终存有怀疑，所以当这类工程项目上马时，公众会出于不信任心理而采取措施抵制这类工程项目的建设，导致社会冲突的发生。第二是已建设完成的重大环境污染型工程项目在生产运营过程中排放的废渣、废气和废水对公众的身体健康和生存环境带来了严重的危害，继而引发了社会冲突的可能性，如陕西凤翔铅中毒事件和浙江德清血铅事件等。

结合利益相关者的定义，本书所指的利益相关者是指因重大工程环境损害事件而受益或受损，并且能够直接影响到该重大工程项目的建设或与其相关的人和团体。基于弗里曼"影响或受影响者均为利益相关者"的观点，假定与环境损害事件有关的利益主体主要有：政府、项目承包方、设计方、供应商等，这些利益相关者或全程参与、或阶段参与，并对项目建设产生不同程度的影响。由重大工程环境损害的两种不同含义可知，环境损害事件的实际发生与否对利益相关主体的影响不同，利益相关主体发生冲突时发挥的作用也不同。因此，对利益相关的冲突主体进行全面识别非常必要。

通过参考相关文献（何旭东 2011，白利 2009 等）并结合具体重大工程项目实践经验，初步罗列了环境损害事件的利益主体，包括：项目发起人、承包商、监理公司、分包商、新闻媒体、竞争对手、设备材料供应商、社区、当地政府、社会团体、项目管理团队、投资者、社会公众、外围合作者、金融机构等。

3.2.2 重大工程环境损害的利益主体的冲突行为

重大工程项目中公众、政府、企业这三大利益主体间，由于经济发展与环境保护的不同诉求导致冲突行为产生，并且贯穿于环境群体性事件过程的始终。鉴于上文总结的重大工程环境损害的群体性事件有环境污染型群体性事件和环境风险型群体性事件两类，这两类事件的冲突行为既有相同点，也有不同点。利益主体的冲突行为通常由既有的环境权益受损或者存在潜在的环境风险而引发。涉事公众一般采用上访、抗议、集会游行、封堵交通甚至是包围党政机关单位、非法占据公共场所并进行聚众打砸抢烧等方式表达利益诉求，这些行为给社会的和谐安定带来了较大的负面影响。

根据现有的冲突理论，结合利益主体之间冲突发生、发展、演变的规律，可以将重大工程项目中一个完整的环境群体性事件过程分为冲突酝酿阶段、冲突凸显阶段、冲突升级阶段以及冲突消减阶段（李伟权，2015）。在环境群体性事件中，冲突的显现需要一定的导火线，突发事件往往成为主要的诱发因素。大部分的群众受突发事件的影响，出现恐惧、愤怒等情绪，主观心理层面上怨恨情绪加深，同政府或企业在价值取舍问题上的分歧明显。经济发展与环境保护的取舍问题已成为一种公开的冲突，在行为上，与政府和企业相比，群众作为弱势的一方，在有限的资源约束下一般不会采取过激行为。大部分人选择通过网络平台发布不满言论以及相关消息，借助互联网平台进行"造势"，运用"问题化""污名化"以及"扬言将采取威胁的方式"等一系列行为获取广泛的群体认同。借助网络平台实现公开的利益表达，获取广泛的舆论支持，对政府或企业形成较强的舆论压力，这种"以舆抗争"的方式成为冲突凸显期利益相关群体的主要行为方式。到了冲突升级期，利益相关群体的行为一般表现出暴力对抗的特点，参与群体所采用的对抗形式主要有打、砸、抢、烧等方式。在群体性事件中，一旦发生小规模或小范围的打闹事件，便很容易引起冲突的升级，吸引到更多人的注意，使更多相关人员卷入到社会冲突中来。一方面，民众出于"以攻为守"的考虑，主动与维稳的民警发生肢体碰撞；另一方面，不知情的群体面对群体暴动，会采取防御性的抵抗行为。

3.2.3　重大工程环境损害的社会风险传播网络

社会风险来自于事件中的环境损害信息传播。因环境污染威胁而产生的恐惧与恐慌，极易造成公众讨论中虚假与歪曲信息的传播，而这类不实信息的传播扩散进一步加剧了群体中的不稳定风险，对环境群体事件与环境冲突事件起到推波助澜的作用。因此，探究在重大工程项目中环境损害的社会风险传播网络，主要在于风险信息的传播路径问题。由以上分析可知，在重大工程环境损害事件中利益相关群体众多、矛盾关系错综复杂，信息传播的结构呈现出融合、混杂、多样等特点。根据社会学学者 Bavelas 和 Leavitt 对人际传播网络的研究，依据信息源在网络中的位置与信息传播路径的不同，可以将信息传播网络分为直线型、轮型或星型、Y 型、环型以及全连接型网络。参考基本传播网络结构的分类并结合实际，将重大工程环境损害的社会风险传播网络分为以下五大类型。

（1）线型传播网络

线型传播是最简单的一种网络结构，每个传播节点最多与两个节点顺序相连，形成首位不相接的开放结构，如图 3 - 1 所示。在线型网络结构下，信息传播的渠道比较闭塞，且层级关系分明。环境损害相关信息在线型网络中只能自上而下依次传播，风险也沿着连接点逐个传递。因此，与风险源相隔的中间节点越多，感染风险的速度就越慢，受到的影响越小。风险的传播同时依赖于中间节点的认知了解和理性程度，若中间节点对不实的环境损害信息及时分辨并有效处理，风险信息将停止扩散而不会造成严重影响。如此一来，上游节点的风险认知能力与处理能力越强，社会风险越能够被成功稀释，使系统整体保持稳定。

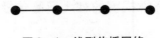

图3-1　线型传播网络

（2）环型传播网络

环型传播网络由线形网络演变而来，是一个由各节点首尾相接串联而成的闭合环型回路，如图3-2所示。风险信息在两两节点之间传播，这时环境损害信息的发起人同时与最后一个接收信息的节点进行交流，这决定了社会风险环型传播网络下的参与者数量较少，信息的传播渠道比较单一。环型网络下的风险传播方式也与线形网络相同，都是沿着网络的节点逐个传播。风险信息对系统影响的程度同样取决于信息源对环境损害信息的歪曲程度以及中间节点的风险认知能力。

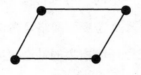

图3-2　环型传播网络

（3）星型传播网络

星型传播网络是一种以中央节点为核心、其他外围节点只与中央节点相连接的辐射式互联结构，如图3-3所示。在社会风险传播中，星型网络的中心节点通常是具有一定号召力的领袖角色，将环境损害信息传递到各个节点。中心节点不仅是环境损害的信息源，更对外围节点具有较强的控制能力，其他节点相互之间的信息流通比较受阻。星型传播网络对社会风险的传播主要体现在中心节点到外围节点之间的路径，外围节点之间风险感染概率较小。

图 3 - 3　星型传播网络

（4）树状传播网络

树状传播网络表现为由顶端分解成若干个分支，每个分支再向下形成一个个子分支，最终形成信息与风险传播的多层分支结构，如图 3 -
4 所示。星型网络可看作是只有一层的特殊树状网络。社会风险在树状传播网络中通常表现为同一主分支内逐层传染，同一水平分支上节点所接收到的环境损害信息和信息强度是一致的。在树状传播网络中也存在具有较强信息控制能力的领袖角色，对于风险信息的过滤和强化都起到重要作用。

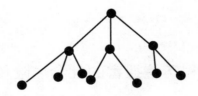

图 3 - 4　树状传播网络

（5）网状传播网络

社会风险的网状传播网络由线型、环型、星型以及树状网络中的多种组合而成，是最为复杂的一种网络结构，如图 3 - 5 所示。传播网络中各节点之间任意连接，一般存在若干个重要的中心节点，中心节点与多个子节点相连，子节点之间、子节点与下一层节点之间相互连接，一层层向外扩散，形成以中心节点为信息核心的传播网络。网状传播网络的社会风险传染路径同样以线形、环形、星形和树状等多种网络结构为基础组合而成，具有一定的复杂性，且信息传播更加广泛。网状传播网络的节点连接关系错综复杂，易受风险感染，风险在其中具有蔓延速度快、扩散能力强、传播范围广的特点，系统抗风险能力和稳定性较弱。

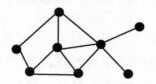

图 3 - 5　网状传播网络

从整体上可以看出，分散型、网状传播结构是网络传播的传播特征，社会网络媒介化下处于网络结构当中的每一个点都是信息源，都可以生产、发布、传递信息，并且以散射的方式进入网络中，突破了以往传统媒介以信息传播者或发布者为中心的直线型结构，带来了新型的互动模式。

3.3　重大工程环境损害的社会风险传播模型构建

3.3.1　重大工程环境损害的社会风险传播模型构建思路

重大工程环境损害的社会风险传播是一个较为抽象的概念，结合众多案例可见，环境损害谣言的传播是社会风险的重要体现。本章以环境损害谣言作为社会风险传播的主要载体，研究环境损害谣言在相关利益主体之间的传播规律，从而分析关键影响因素在社会风险传播过程中的作用机理。重大工程项目中的环境损害一般指工程项目在建设和运行期间因发生突发性事件或事故（一般不包括人为破坏及自然灾害）引起对环境的损害，进而对公众人身和财产安全造成影响和损害的可能性。参考已有文献（Knapp R H，1994；Rosnow R L，1991；Mondal T，2018），将环境损害谣言定义为谣言制造者针对重大工程环境损害的可能性，出于某种动机制造并传播的没有事实根据、夸大或扭曲事实的虚假信息。

不同于一般谣言中政府仅发挥辟谣者的作用，在工程项目的全生命周期内政府同时是规则制定者、项目管理者和监督者，使得政府的辟谣发声缺乏独立性，更有一些地方政府在面对突发环境事件时习惯性"失语"，导致舆论倾向于利用谣言填补信息空白。因此，在信息不对称条件下，环境损害谣言的网络传播受到政府信誉和公信力的影响。政府以自身信誉对公众的风险认知产生影响，公信力越强的政府在环境损害谣言的管控中更具优势。环境损害谣言的自身特性以及网络传播规律亦造成政府管控的诸多困境。首先，信息不对称使得公众对谣言真假难辨，在受环境损害威胁的恐慌心理及各种利益诉求的推动下，重大工程项目的环境损害问题成为网络谣言的集中爆发点。其次，谣言产生之后，网民与媒体间的互动对谣言形成不同程度的渲染和强化，借助网络传播的超时空性、广泛性和匿名性，社会风险随之扩大。媒体对谣言的社会强化作用表现在：一方面，海量报道及不实宣传影响公众对环境损害事件严重性的认识，扩大谣言传播；另一方面，网络媒体作为政府辟谣的有力工具，有助于及时发现谣言并发布权威辟谣信息，快速辟谣澄清。

在政府的辟谣作用下谣言会趋向稳态，而谣言平息经历的时间越

长、谣言传播者达到的峰值越大，社会失稳的可能性就越大。由此，
"政府—媒体—公众"的利益主体互动行为是决定网络谣言能否进一步
形成并放大社会风险的重要因素，也是建立环境损害网络谣言传播模型
的事件基础（图3–6）。结合网络谣言传播的多主体性、阶段性、不同
形成原因及重要程度，将政府辟谣策略分为辟谣速度、辟谣强度和信息
公开程度三方面，通过模型改进重点研究政府信誉、媒体强化作用以及
辟谣策略对环境损害谣言传播过程的作用机理。

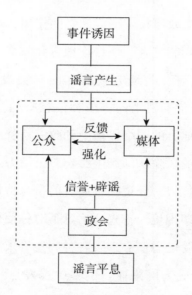

图3–6 重大工程环境损害谣言的演化过程

3.3.2 模型假设与参数设定

Anderson 和 May 于 1991 年在 SIR 传染病模型基础上提出 SEIR 模
型，其中潜伏者（E）表示已知谣言但尚未传谣的主体，用于过渡无知

者到谣言传播者的转变。前人在谣言传播模型的改进与创新中做出了大量贡献，而鲜有将辟谣者和潜伏者同时纳入模型分析。洪巍在 SIR 模型中加入真实信息传播者构建了 SIRT 模型（洪巍，2017），同样忽视了面对谣言自发沉默的群体，即潜伏者在现实社会冲突中的重要作用。传统 SEIR 模型中的潜伏者（E）和免疫者（R）的外在表征都是知道谣言信息而不传播，区别在于其内在动机不同，本书创新性地将两者定义为一类主体，以便于辨识辟谣对象。

因此，仅以节点的外在表征将传播系统中的主体重新定义为四类：无知者 I，代表对谣言的内容一无所知的网民；传播者 S，代表已知并正在传播谣言的网民；潜伏者 E，代表已知网络谣言但由于不确定或缺乏兴趣而不传谣的网民，这一群体的特殊性在于其潜伏的心理作用不一，根据平均场理论以平均概率表示每一个潜伏者的转变概率；辟谣者 T，代表知晓谣言与事实真相，并传播辟谣信息的网民。

环境损害谣言在网络中传播的各节点即每一个网民，只受与之关联的局部信息的影响，在仅仅考虑全局的、平均的传播可能性的假定下进行传播规则的设定。

根据平均场理论，充分考虑了接触传播假设下各状态节点之间的相互作用规律，如图 3 - 7，提出以下环境损害网络谣言传播规则：

1I→S，无知者通过网络浏览谣言信息或与传播者接触变为谣言信息的已知者，以概率 p（谣言接受率）转变为谣言传播者；

2I→E，当无知者对谣言已知后，只能以传播者或潜伏者的状态存在，则以概率 $1 - p$ 转变为潜伏者；

3E→S，随着接收谣言次数增多，潜伏者以概率 β 开始传播谣言；

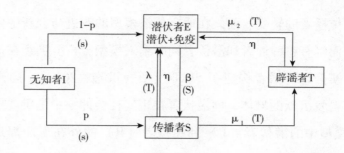

图 3 - 7　网络谣言传播模型节点转换关系①

4S→E，当辟谣者进入后，传播者接触到辟谣信息时以概率 λ 变为潜伏者，并因丧失兴趣或遗忘以概率 η（自发潜伏率）自发转变为潜伏者；

5S→T，传播者接触到辟谣信息后以概率 μ_1（停止率）转变为辟谣者；

6E→T，潜伏者接触到辟谣信息后以概率 μ_2（停止率）转变为辟谣者；

7T→E，辟谣者与传播者有共同的自发潜伏率 η，自发停止辟谣转变为潜伏者。

其中，$0 \leqslant p, \beta, \lambda, \eta, \mu_1, \mu_2 \leqslant 1$。辟谣者的作用仅为不加甄别对象地向相邻节点发布辟谣信息，辟谣信息对每个网民的作用强度是相同的。由于大部分传播者相比潜伏者对谣言的敏感性更强，对辟谣信息的接受概率则相应较小，因此区别不同的停止率 μ_1 和 μ_2。自发潜伏率 η 作为衡量网络谣言重要性的指标，数值越大表示传播者自发放弃传谣、辟谣者自发放弃辟谣的概率越大，从而谣言的重要性越小。

---

① 注：图中（S）、（T）表示前一节点分别与传播者、辟谣者接触导致状态变化。

3.3.3　重大工程环境损害的社会风险传播的 SEIT 模型设计

"信誉"是个人或社会履行承诺和义务的水平以及其在公众心中的可信任程度，而政府信誉就是政府因诚实可信和及时、公正履行政府职责而得到公民的认同和赞美的统一。引入参数 γ 表示政府信誉，当 $\gamma \geqslant 0$ 时，地方政府信誉较好，γ 绝对值越大，政府信誉越高；当 $\gamma < 0$ 时，地方政府的信誉较差，γ 绝对值越大，政府信誉越低。因此，在政府指导下的重大工程建设中，网络谣言的产生和传播与政府信誉存在一定关联。谣言产生后，政府通过公开相关信息、积极辟谣等手段以概率 γ 对无知者产生影响，谣言传播者在内部因素和外部因素的双重作用下，转变为理性人，外部因素就是政府的辟谣作用。

（1）模型假设与构建

在重大工程环境损害谣言的传播期内，假设互联网社交平台总人数 N 不变。设 $I(t)$、$S(t)$、$E(t)$、$T(t)$ 分别表示不同状态主体在总体中的密度，关于时间 t 连续且可微。同时，满足均一化条件 $I(t) + S(t) + E(t) + T(t) = 1$。根据网络谣言传播的小世界特性与无标度特性，令社交网络的平均度为 $<k>$，表示所有节点之间的连接密度，$<k>$ 大于 0。结合以上网络谣言传播规则，得到平均场方程：

$$\frac{dI(t)}{dt} = -p\langle k\rangle I(t)S(t) - (1-p)\langle k\rangle I(t)S(t) = -\langle k\rangle I(t)S(t)$$

$$\frac{dS(t)}{dt} = p\langle k\rangle I(t)S(t) + \beta\langle k\rangle E(t)S(t) - \lambda\langle k\rangle S(t)T(t)$$

$$-\mu_1\langle k\rangle S(t)T(t) - \eta S(t)$$

$$\frac{dE(t)}{dt} = (1-p)\langle k\rangle I(t)S(t) + \lambda\langle k\rangle S(t)T(t) + \eta S(t)$$

$$+\eta T(t) - \beta\langle k\rangle E(t)S(t) - \mu_2\langle k\rangle E(t)T(t)$$

$$\frac{dT(t)}{dt} = \mu_1\langle k\rangle S(t)T(t) + \mu_2\langle k\rangle E(t)T(t) - \eta T(t)$$

$$(3-1)$$

根据传播模型初始值设定规律，系统中最初只存在一个传播者，其余均为无知者，即 $I(0) = (N-1)/N$，$S(0) = 1/N$，$E(0) = T(0) = 0$，在 t_1 时刻开始出现数量为 n 的辟谣者。利用 MATLAB 软件构建仿真模型，通过可视化的谣言传播仿真模拟现实中的谣言传播过程。经多次仿真实验表明，系统中用户总数的设定对结论不会产生显著影响，进而令用户容量 N = 10000，各主体密度初始值为 $I(0) = 0.9999$，$S(0) = 0.0001$，$E(0) = 0$，$T(0) = 0$。根据参数设定的随机性、合理性、可比较性原则，令 $p = 0.65$，$\beta = 0.55$，$\lambda = 0.5$，$\mu_1 = \mu_2 = 0.75$，$\eta = 0.2$，$\langle k\rangle = 2$，并且在 $t = 5$ 时刻系统内随机 10 个节点变成辟谣者，$T(t_1) = T(5) = n/N = 0.001$，得到一般性的谣言传播过程主体演变图，如图 3-8 所示。与经典 SIR 模型的谣言传播稳态不同，该模型大多数情况下稳态时仅剩辟谣者（表现为辟谣信息）和潜伏者明显存在。由于在线社交网络具有无标度网络特性，谣言传播者数量呈指数增长，稳态系统中无知者比例接近零。这一稳态特征较符合现实中重大工程项目环境损害谣言的处理结果，表现为事后只存在缄默不语的网民及正面辟谣信息。

环境损害网络谣言的传播遵循特定的生命周期，有其产生、发展和减缓的阶段。为细化谣言传播过程中的主体演化规律，将传播过程分为三阶段。其中 t_0 对应谣言产生时刻，t_1 对应辟谣者进入时刻，t_2 对应传播者密度达到最大值时刻，t_3 对应谣言传播进入稳态时刻。这四个时点将谣言传播过程分为谣言产生阶段、谣言扩大阶段和谣言消散阶段。

$$p=0.65, \beta=0.55, \lambda=0.5, \mu_1=\mu_2=0.75, \eta=0.2$$

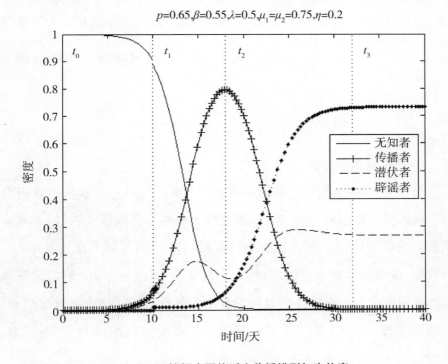

图 3 – 8 环境损害网络谣言传播模型初步仿真

（2）稳态分析

在平均场方程（3 – 1）的基础上求解谣言传播稳态时的最终规模。令 Lt 为网络谣言传播过程经历的总时长，则 $E（Lt）$、$T（Lt）$ 分别为稳态时系统中存在的潜伏者和辟谣者密度。已知谣言而不传谣的人在谣言传播最终是否引发社会冲突事件中起重要作用，即当 $E（Lt）$ 越大，潜伏者的不稳定因素越大；而 $T（Lt）$ 越大，表示辟谣者对真相的科普率越高。因此环境损害谣言的传播风险与 $E（Lt）$ 正相关，与 $T（Lt）$ 负相关。

参考王辉（2012）对稳态的计算方法，简化模型令辟谣者在 t_0 时刻即进入系统，初始值 $S(0) = 1/N$，$T(0) = n/N, I(0) = (N-n-1)/N$，$E(0) = 0$，在方程组（3-1）的基础上引入新变量 $\varphi(t) \equiv \int_0^t S(t')dt$，$\psi(t) \equiv \int_0^t E(t')dt$，得到网络谣言传播的稳态方程：

$$T(Lt) = \frac{n}{N} e^{\langle k \rangle * (\mu_2 \varphi(Lt) + \mu_2 \psi(Lt)) - \eta Lt} \tag{3-2}$$

（3）接受概率分析

公众对环境损害谣言的接受概率 $P（m）$ 的影响因素包括政府信誉、媒体强化作用和不同利益群体的行为动因等，取值 $[0, 1]$。政府信誉影响风险感知，更直接影响民众对待网络谣言的态度（James F, 1992）。设政府信誉为变量 γ，$\gamma \in [0, 1]$，越接近于 1，政府信誉越好。体现网民与谣言事件利益相关程度的参数包括：接收谣言次数 m、初始接受概率 α 以及谣言关联度 b。引入接受概率函数（Wang H, 2012）：

$$P(m) = \left| (M - \alpha)e^{-(|r|*b(m-1)/\gamma)} - M \right| \tag{3-3}$$

其中，m 是时间 t 的增函数，m（t）表示 t 时刻节点累计接收到谣言信息的次数。根据媒体对谣言接受概率的作用是加强或减弱，将其社会强化作用分为正向和负向，以变量 r 表示，$r \in [-1, 1]$，其绝对值越大，社会强化作用越强，反映媒体的影响力越大。定义 M 为 r 的函数，当 $r \geq 0$ 时，$M = 1$，网络媒体发挥正向强化作用，促进谣言扩散；当 $r < 0$ 时，$M = 0$，网络媒体发挥负向强化作用，抑制谣言传播。

3.4 重大工程环境损害的社会风险传播过程仿真分析

3.4.1 不同网络结构下社会风险传播机理分析

在社会网络分析方法中，网络结构由节点和边两部分组成，节点表示社交系统中的独立个体，边表示两两个体之间的相互连接关系，具有代表性的网络结构为小世界网络、无标度网络等。针对重大工程环境损害事件的信息传播，需根据网络的具体特征确定信息传播的节点分布及节点之间的连接规则。可将某一社交平台作为采集数据的信息来源，该平台上某一时间段内所有用户作为网络节点，若两个节点对同一信息内容进行发表，即具有信息的转载关系，则视两个信息来源之间建立起一条边，按照事件相关信息发表的先后顺序及相关的信息转载列表确立网络的边。本章采取邻接矩阵的形式来表示重大工程环境损害的社会风险传播网络结构，且由于重大工程环境损害事件中风险信息传播，即边的建立是相互的，因此网络是对称的，可用无向图表示。

针对一项具体的重大工程环境损害事件，以网络平台为基础，获取相关的信息数据。采用 Goonie 微舆情监测系统采集的数据获得于事件主题相关的信息内容、信息来源、发表时间、信息正负面性、点击量、转载量及相应的转载列表，其具体含义如表3-1所示。由于通过监测系统获得相关信息比较散，所以在原有数据的基础上要进行抽样。按信息发表的时间先后选取相关信息节点，选取其中相关度较大的信息，去掉重复的边、自环边及孤立的节点，并将连边关系量化得到网络的矩阵形式，选取具有最大节点数的连通网络来分析网络的结构特性。对抽取的节点信息数据及相应的转载列表关系进行细化后得到网络的节点及连边关系，进而通过 MATLAB 可计算得到网络的邻接矩阵形式，从而可进一步计算分析重大工程环境损害社会风险传播网络的拓扑特性。

表3-1　事件相关数据结构

属性	含义
标题	表征信息的内容，与事件信息相匹配
信息来源	包括主流媒体网站、微博、论坛等，组成风险传播网络的节点
发表时间	采集时间段为事件的初始日至终止日
正负面性	信息分为正面（包含中性）、负面两种
点击量	网络用户对某一信息的接触量，表征个体对事件信息的关注度
转载量	网络用户对某一信息的转载量，表征个体的影响力
转载列表	反映不同个体对同一信息的传播情况，网络边形成的关键

3.4.2　不同参数初值下社会风险传播机理分析

（1）不同参数初值对接受概率 $P(m)$ 的影响

1）媒体强化作用与 $P(m)$

根据接受概率函数 $P(m)$ 的表达式（3-3），设 $\alpha = 0.7, b = 0.85, \gamma = 0.5$ ，图3-9（a）表示当媒体的社会强化作用为正时，比较 r 分别为 0.2、0.5、0.8 时 $P(m)$ 关于 m 的变化情况，可见 $P(m)$ 与

媒体正强化作用正相关。图3-9（b）表示当媒体的社会强化作用为负时，比较 r 分别为 -0.2、-0.5、-0.8 时 $P(m)$ 关于 m 的变化情况，可见 $P(m)$ 与媒体负强化作用负相关。

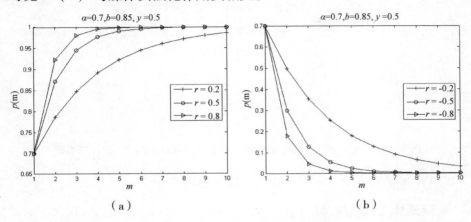

图3-9 媒体强化作用对 $P(m)$ 的影响

2）政府信誉、利益相关性与 $P(m)$

一般认为，利益相关程度越高的网民受谣言事件的影响越大，关注度的提升使得接收谣言频率更高，对谣言的第一反应也会因关系到切身利益而宁信其有，从而初始接受概率 α 更大。设 $b=0.55$，$r=0.4$，图3-10（a）研究政府信誉 γ 分别为0.1、0.5和0.9时，在不同初始接受概率 α 下 $P(m)$ 随 m 变动的情况。设 $\alpha=0.7$，$r=0.8$，图3-10（b）研究政府信誉 γ 分别为0.1、0.5和0.9时，在不同谣言关联度 b 下 $P(m)$ 随 m 变动的情况。对比可见，政府信誉越低，$P(m)$ 越大，且 $P(m)$ 与 α、b 均呈正相关，表明与谣言事件关联越密切的网民更易相信谣言。

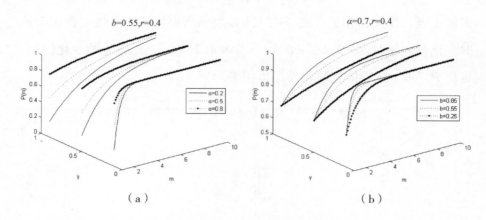

图 3 – 10　不同 γ 时初始接受概率 α 和谣言关联度 b 对 P（m）的影响

3）接受概率 P（m）对社会风险传播的影响

设该社交网络中 $<k> = 2$，$\beta = 0.55$，$\lambda = 0.5$，$\mu_1 = \mu_2 = 0.75$，$\eta = 0.2$，在 $t_1 = 5$ 时刻出现辟谣者 $T(t_1) = 0.001$，图 3 – 11 比较了 $P(m)$ 分别取 0.2、0.5、0.8 对谣言传播的影响。从宏观角度分析，随着 $P(m)$ 的增大，环境损害谣言传播过程历经的时间 Lt 越短，主要是谣言扩大阶段的时间显著缩短，同时传播者峰值 $S(t)_{max}$ 显著增大。从微观角度分析对各主体演化的影响，可见 P（m）值越小，无知者群体完全消失所需时间更长。这一点符合现实中的大多数情况，谣言可信度低时人们对其认可度降低，这种谣言将很难或很慢形成规模、制造风险。接受概率 P（m）的变动对谣言稳态 T（Lt）几乎没有影响。

（2）辟谣者初始密度 $T(t_1)$ 对社会风险传播的影响

设 $<k> = 2$，$p = 0.65$，$\beta = 0.55$，$\lambda = 0.5$，$\mu_1 = \mu_2 = 0.75$，$\eta = 0.2$，改变在 $t_1 = 5$ 时系统中出现的辟谣者数量 n，图 3 – 12 比较了 $T(t_1)$ 分别取 0.001、0.005、0.01 时的网络谣言演变规律，其中 $T(t_1) = n/N$。可见 $T(t_1)$ 越大，传播者峰值 $S(t)_{max}$ 越小，谣言扩大和消散

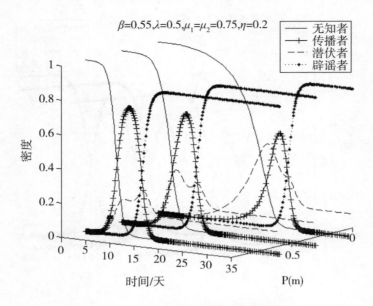

图 3 - 11 P （m） 对谣言传播过程的影响

阶段所需时间更短，且改变 $T(t_1)$ 不显著影响稳态。值得注意的是，在稳态方程 （3 - 2） 中，显然 $T(t_1)$ 值会影响稳态，且为正相关关系，但仿真结果并没有显示这一变化，原因有二：一是稳态计算方法简化在 t_0 时刻即引入辟谣者，不同于此处的辟谣者数量存在分段现象；二是相对于总节点数量而言，初始辟谣者密度的差异区分较小，对稳态的影响几乎可以忽略。

3.4.3   不同条件阈值下社会风险传播机理分析

（1）辟谣者进入时间 t_1 对社会风险传播的影响

设 $<k> = 2$，$p = 0.65$，$\beta = 0.55$，$\lambda = 0.5$，$\mu_1 = \mu_2 = 0.75$，在 t_1 时刻出现辟谣者 $T(t_1) = 0.001$，比较 t_1 分别为 5、10、15 时对谣言传播

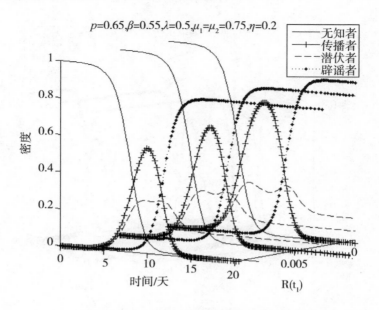

$p=0.65,\beta=0.55,\lambda=0.5,\mu_1=\mu_2=0.75,\eta=0.2$

图3－12　T（t_1）对谣言传播过程的影响

过程的影响。仿真发现，在不同的自发潜伏率 η 下，t_1 值变化对社会风险传播过程的影响不尽相同。如图3－13（a）中，令 $\eta=0.2$，表示当谣言的重要性程度处于较高水平时，辟谣者进入时间越早，传播者峰值越小，谣言经历的总时长 Lt 越短；图3－13（b）中，令 $\eta=0.6$，表示当谣言的重要性程度处于较低水平时，t_1 与传播者峰值不再具有线性相关关系。当 $t_1=10$ 时传播者峰值最小，$S(t)_{max}$ 与 t_1 的关系呈倒"U"形。当 t_1 值超过一定界限时，传播者在辟谣者进入之前达到峰值，且 $S(t)_{max}$ 随 t_1 的增大而增大，无疑会加剧社会风险传播。同时，改变 t_1 对传播稳态没有显著影响，作为控制变量的 η 增大使稳态 $T(Lt)$ 显著减小。

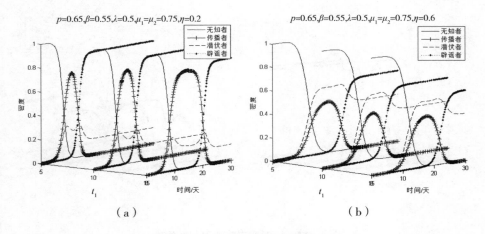

图 3－13 t_1 对谣言传播过程的影响

（2）辟谣作用强度 μ 对社会风险传播的影响

设 $<k>=2$，$p=0.65$，$\beta=0.55$，$\lambda=0.5$，令 $\mu_1=\mu_2=\mu$，当 $t_1=5$ 时出现辟谣者 $T(t_1)=0.001$，在不同自发潜伏率 η 下，比较辟谣作用强度 μ 分别为 0.35、0.55、0.75 时对谣言传播过程的影响。图 3－14（a）中 $\eta=0.2$，政府辟谣强度 μ 越小，$S(t)_{max}$ 越大，稳态 $T(Lt)$ 越小、$E(Lt)$ 越大，同时谣言传播总时间相对延长。图 3－14（b）中 $\eta=0.6$，当辟谣强度 $\mu=0.35$ 时出现异常，$T(Lt)$ 全程接近零，系统很快达到稳态，且只存在传播者和潜伏者达到风险平衡。这一特征表明当谣言的重要性较小时，政府辟谣强度过小将不会发挥明显辟谣作用。而随着辟谣强度 μ 的增大，$S(Lt)$ 仍趋向于零，且 $S(t)_{max}$ 随之减小。

进一步通过稳态模型说明自发潜伏率 η 和政府辟谣强度 μ_1、μ_2 的影响。设 $n/N=0.001$，$Lt=10$，比较在图 3－15（a）的四种方案下稳态辟谣者密度 $T(Lt)$ 变化的情况。对比方案一、二，当 μ_1、μ_2 等比例减弱时，$T(Lt)$ 减小，辟谣效果减弱；对比方案三、四，当政府辟谣施加

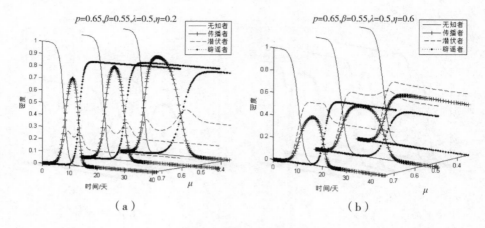

图 3 - 14　μ 对谣言传播过程的影响

于传播者和潜伏者的作用分别降低 1/2 时，方案四中 $T(Lt)$ 值更小，表明传播者对辟谣力度变化的敏感性更强。图 3 - 15（b）中 $T(Lt)$ 随自发潜伏率 η 的增大而减小，即谣言重要程度越低，传播稳态时的辟谣信息越少，与前面的仿真结果一致。随着社交系统平均度 $<k>$ 的增大，$T(Lt)$ 增大，表示传播网络的信息流通速度越快，稳态时的社会风险越低。

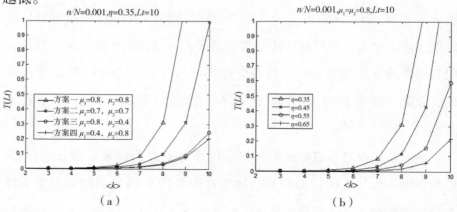

图 3 - 15　不同辟谣强度方案和自发潜伏率 η 对 $T(Lt)$ 的影响

3.5 案例分析——以江苏启东污水排海项目群体性事件为例

3.5.1 事件回顾

本章以 2012 年 7 月江苏启东污水排海项目引发的群体事件为例，实证研究环境损害谣言引发社会风险的传播过程，对社会风险的产生及传播进行分析，得出相应过程控制策略。启东事件的核心是污水排海项目造成的环境问题，而事件初期由于公众对污水排海项目的环境影响了解不够充足，形成了一些环境损害谣言的传播，构成群体性冲突事件爆发的重要导火索。可知这起群体事件由江苏南通市政府对日本王子造纸公司的制纸排海工程项目的批准而触发。该群体性事件平息后，官方发布公告称"永远取消有关王子制纸排海工程项目"。

江苏启东事件以及近年来全国范围内由环保引发的群体冲突事件，都显示中国社会发展正进入一个特殊的环保敏感期，民众的环境意识与权利意识在迅速提升。这时，重大工程项目信息公开不完善、地方政府信誉缺失等问题将加剧公众对环境损害的敏感度，于是不乏有人推论外商将高污染产业转移到中国，使中国成为"污染产业的避难所"。与此类似的网络谣言不胫而走，成为蛊惑群众、诱发社会风险的重要来源。重大工程的环境损害网络谣言往往裹挟着各种利益诉求，至于项目是否科学、是否合规，已成为次要因素，这加速了社会风险的传播。启东事件一方面是民众受谣言影响，担心排污入海管道项目损害当地的海洋生态；另一方面遭到反对的建设项目实质上牵扯到征地拆迁、渔业受损等诸多复杂利益。在环境损害谣言的推动下，环保以正当性充当了各种利益诉求的集中爆发点。

根据现有文献以及媒体报道记载，江苏启东污水排海项目群体性事件从开始的一次自发的、小规模的和平示威游行，演变成有 10 万人参与的群体性事件。直至南通市政府做出决定，永久取消排海工程项目，从而使得民众情绪得以平缓，当地政府的舆论危机也基本平息。

3.5.2　参数设定与仿真分析

根据案例，江苏启东事件中参与集会和游行示威的总人数将近10 万人，则假设环境损害谣言传播系统内总人数为 N = 100000，无知者、传播者、潜伏者、辟谣者的密度初始值分别为 I（0）= 0.9999，S（0）= 0.0001，E（0）= 0，T（0）= 0。根据群体事件爆发以及消退的时间，用"7 月 28 日参与游行示威的人数/总人数"表示谣言的传播率 p = 30000/100000 = 0.3，β = 0.2，λ = 0.5，$\mu_1 = \mu_2 = 0.5$，η = 0.2，$<k>$ = 6。在 t_1 = 50 时刻系统内随机 100 个节点变成辟谣者，$T(t_1)$ = n/N = 0.001。

将以上归纳的参数代入改进的 SEIT 模型，对启东事件中的社会风险传播过程进行仿真分析，得到图 3 - 16，可见仿真结果与现实事件演进过程存在一定对应关系。事件初始时刻即 6 月 9 日，第一次小范围社会冲突爆发，社会风险开始随着环境损害谣言传播开来。在谣言传播10 日后，谣言传播者的数量达到峰值，并且由于政府部门没有采取正面有效的辟谣措施，使得谣言持续传播，社会风险进一步扩大。在谣言传播50日时，政府及相关负责部门正面发声"永久取消排海工程项目"，这时谣言传播者的数量断崖式下降，谣言得到快速有效地控制，社会冲突事件也趋于平息。

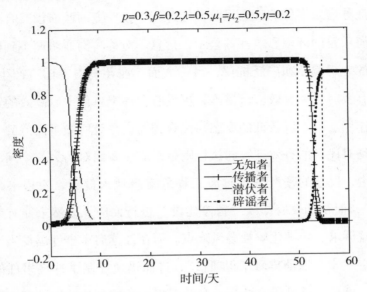

图3-16　启东事件社会风险传播示意图

由于环境损害问题具有长期潜伏性，且环境群体性事件的爆发与环境损害强度直接相关，因此重大工程环境损害社会冲突事件的爆发一般经过较长的酝酿时间，发生相对缓慢，其规模、后果等具有一定的可预见性。江苏启东事件发生之前，当地民众曾通过互联网、信访部门等多种渠道向政府呼吁诉求，当地诸多媒体也有报道。早在江苏启东事件发生一个多月前的小规模群体性事件已经敲响了警钟，如果当地政府能够对这些信息给予足够重视并加以合理分析，尽早采取有效措施控制社会风险传播，将大大降低这类极具消极影响的社会冲突事件的发生概率。

3.5.3 基于案例的社会风险传播仿真小结

在江苏启东事件的社会风险传播过程中，一方面政府没有合理进行污水排海项目的环境影响评估公示，信息不对称、沟通协调不到位引发了群众的理解偏差和广泛抗议；另一方面，在环境损害谣言产生之初，政府没有及时采取有效应对措施，更没有在冲突事件中以高效的策略发挥辟谣作用。政府以较低的姿态与民众沟通，是政府倾听民意的一种表现，但是对民意的有效理解和执行则是政府需要面对的另一个问题。启东事件中，民意的呼声是"排海工程危害当地人健康，希望永久取消该工程"，而初期政府却以"暂停建设"进行回应，显然未能有效回应民众利益诉求、合理化解社会风险点。而在江苏启东事件爆发当天，政府方决定"永久取消排海工程项目"，进而迅速控制了冲突事件的进一步升级。可见，满足民众的核心利益诉求是快速有效地管控环境损害社会风险的重要手段。

结合仿真分析，$S(t)_{max}$、$T(Lt)$、Lt 是对政府辟谣效果的主要衡量指标。一般情况下，谣言传播者峰值 $S(t)_{max}$ 越大，表示政府辟谣越不及时或辟谣力度越欠缺；稳态辟谣者密度 $T(LT)$ 越大，表示辟谣信息普及的范围越广；谣言传播经历的总时长 Lt 越短，则风险控制越有效。在重大工程环境损害的谣言传播过程中，政府管控策略主要分为以下四个方面：

（1）针对不同的谣言传播群体，根据与重大工程环境损害的利益相关程度高低区分，不同利益相关程度的网民表现出对谣言的关注程度和初始接受概率 α 不同，关注程度体现为接收谣言的次数 m。调查报告公开与专家解读是政府面向大众辟谣的主要方式，针对谣言传播者则应强调造谣传谣的危害性与惩处措施。采访直接利益相关群体，获得工程现场的真实调查数据，在强化辟谣信息可信度的同时，缓解项目所在地群众的心理恐慌。

（2）针对网络谣言的形成原因，环境损害网络谣言的产生可能出于直接利益群体的诉求得不到满足，如征地补偿赔款不到位，从而借环境损害谣言吸引大众眼球向当地政府施压；也可能出于非利益相关群体的恶意造谣生事。对于前者，政府应以沟通和协商解决为主要途径，敦促造谣者主动辟谣澄清；对于后者，政府应坚定观点和立场，严厉打击互联网造谣传谣的违法行为，第一时间借助网络媒体平台对舆情施以适当引导。

（3）针对不同重要程度的谣言，自发潜伏率 η 不同。对于重要性越小的环境损害网络谣言，为节约辟谣成本并使谣言尽快平息，应适时适度地介入辟谣，甚至不辟谣即可实现社会风险的动态平衡。对于与重大工程项目的建设和运营实际关联大的谣言，政府则应当在尽职调查的基础上及时发布辟谣信息，对与环境损害事件存在直接利益关联的群众进行针对性辟谣。

（4）针对不同传播阶段的谣言，$t_0 \sim t_1$ 谣言产生阶段，政府以自身信誉对谣言接受概率产生影响，但及时监测与发现网络谣言对政府的前期分析判断有重要意义；$t_1 \sim t_2$ 谣言扩大阶段，政府的辟谣策略开始实施并发挥作用，网络谣言的爆发性要求辟谣决策与行动具备充分高效性；$t_2 \sim t_3$ 谣言消散阶段，加强对公众的相关知识科普，对恶意传谣的网络用户依法施以惩处，进一步巩固政府公信力。

第四章 社会网络媒介化中重大工程环境损害的社会风险扩散路径分析

4.1 重大工程环境损害的社会风险扩散的 SARF 分析框架

4.1.1 风险的社会放大理论框架

20 世纪 80 年代在西方风险研究出现分离趋势的背景下，1988 年克拉克大学和决策研究院学者们开发出了一种能解释广泛的研究成果（包括心理测量学派和文化学派关于媒体研究和风险感知的研究、组织对风险的反应研究等领域）、整合不同理论和方法的综合性理论框架，即风险的社会放大框架（the Social Amplification of Risk Framework，SARF），用于分析风险感知和风险沟通的问题。该框架描述了潜在风险感知和应对的各种动态社会过程，特别是一些专家认为风险相对较低的灾害和事件可能成为社会内特别关注的焦点和社会政治活动（风险放大），而较严重的其他灾害却受到社会相对较少的关注（风险弱化）。

　　风险的社会放大框架基本假设是：风险事件（包括实际或假设的事故）除非被人类观察到并与他人交流，否则其影响力在很大程度上是无关紧要的或局部性的。SARF 认为，作为传播过程的一个关键部分，风险、风险事件以及两者的特点都通过各种风险信号（图像、信号和符号）来描述，这些风险信号反过来与广泛的心理、社会、制度或文化的过程相互作用，会增强或削弱风险感知度和可管理性（包括风险行为以及由此产生的经济和社会后果）（见图 4 - 1）。卡斯帕森借用通信理论中的"放大"这一比喻分析社会中介发出、接受、传递和解读风险信号的方式，他认为，当这些信号通过个体和社会放大站传播扩散之后，将发生可预见的转换，这种转换能增加或减少风险事件的信息量，进而增强或削弱风险本身。SARF 理论认为，风险性质和重要程度由风险的社会放大的信息系统和公众反应的特性决定，其框架包括两个部分，对应风险的社会放大的两个阶段：第一阶段是风险和风险事件的传播阶段，在此过程中，来自风险事件的信号被转换，进而影响公众对风险的认知和第一序位行为反应，风险和风险事件通过信息渠道、放大站（包括社会团体、公共机构和个人，如新闻媒体、记者、研究院、政府部门、社会群体及其成员等）、机构与社会行为等步骤被多次放大或弱化；第二阶段主要强调风险经过第一阶段的强化或弱化后产生的"涟漪效应"及最终影响，涉及对风险认知的放大和次级后果之间的直接联系。SARF 可以解释这样一个现象：有些事件经过扩散可能会产生远超出事件最初的影响，甚至影响到之前不相干的机构或技术的次级或再次级后果的"涟漪"，这些次级影响涉及到经济、社会和社区等多方面，"涟漪效应"描述了与风险的社会放大相关联的次级影响的传播，涟漪从内而外扩散，首先从受到直接影响的个人或群体，然后波及下一个层级（可能是一家公司或机构），极端情况下还有可能传递到行业内的其他领域甚至到整个社会，这种涟漪式的传播导致的次级社会放大效应是风险放大的关键要素。

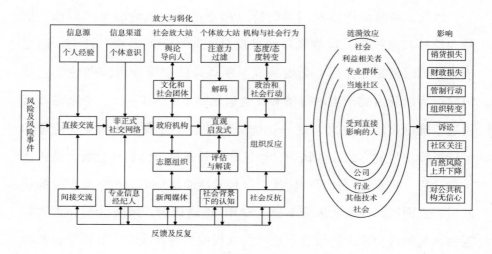

图4-1 风险的社会放大框架

风险的社会放大框架经过理论与实践的修正检验，强调了"污名化"作为风险放大能借以引起涟漪和次级后果的一条主要途径的重要性（Flynn, Slovic and Kunreuther, 2001），如图4-2，卡斯帕森夫妇和贾弗利（Kasperson, Jhaveri and Kasperson, 2001）对风险的社会放大模型进行了拓展，以加强对分析"污名化"过程的适用性。古希腊人用"污痕"（stigma）一词表示置于某人身上用以标识不名誉或耻辱的标记，带有该标记的人被认为对社会构成风险。人们对"污名化"的人、事、物的态度往往是厌恶、恐惧、远离，引致风险的污名会导致人们对此类事物的回避行为，进而催生巨大的社会和经济后果。拓展的社会放大框架不仅描述了风险事件本身产生的直接后果，还刻画了被放大的风

险所导致的"污名化"及其引致的涟漪效应带来的附加影响，风险的
社会放大和"污名化"的频频发生将向社会索取更高额的代价。

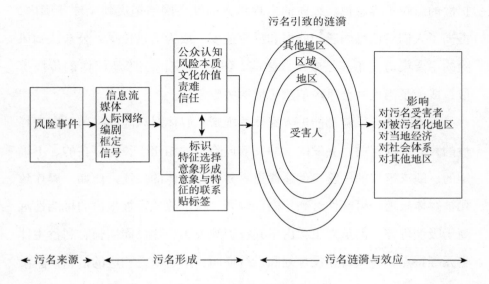

图 4 - 2　风险放大和污名涟漪效应

4.1.2　重大工程环境损害的社会风险信息传播渠道

以电视、广播、报纸、互联网为代表的大众传播媒介是风险信息传
播的主要渠道，其中，以互联网为支撑的微博、微信、论坛等新媒体的
传播作用不容小觑。利益冲突是社会稳定风险的根源，当代社会是一个
"媒介化"社会，媒介影响力对社会生活的全方位渗透改变了社会冲突
的传播形式和扩散机制，显著影响着社会风险传播扩散过程。媒介是社
会信息沟通的中介，在环境群体性社会稳定风险传播过程中具有重要作
用，在"媒介化"社会里，媒介对风险进行选择、定义和加工，使得

风险真实化。个人通过媒介认识风险，媒介在风险社会中不仅能预警和化解风险，还可以制造、转嫁和扩大风险，社会网络媒介化对风险传播扩散的影响不容忽视。媒体的出现将人的社会网络拓展到全球范围内，提高了人们对信息的感知能力和反应速度，成为信息传播、公众认知风险的主要渠道，尤其是微博、微信、QQ、社交论坛等新媒体的传播扩散，成为了当代社会风险信息传播的关键部分。

　　并不是所有风险都能进入媒体的视野，媒体对风险的报道是有选择性的，当下确定的、突发的、冲突的风险事件相比于长期存在的、不确定的、缺乏争议的风险事件往往更容易引起媒体的关注，比如，爆炸致死被媒体报道的可能性远高于癌症致死，核事故危害被报道的可能性远高于吸烟危害。而重大工程由于其投资规模大、建设周期长、利益主体多元等特点，在项目建设规划和运行期间，由于缺乏相应的信息披露渠道和建设区政府信息发布制度的不健全，极易产生流言和导致谣言传播，致使公众对重大工程项目建设认知扭曲，并使得重大工程环境损害的社会稳定风险伴随流言和谣言传播，引发社会危机。且鉴于我国的国情，环境冲突问题一般不会先在电视、报纸、广播等传统媒介上报道，而是以微博、微信、社交论坛等新媒介为主；此外，若能将引致风险的责任归于确定的个人或机构团体，则更能吸引媒体的报道，引起重大工程环境损害的社会风险的责任通常可以归咎于这样一个确定的团体——建设主体，即项目法人。如此一来，风险信息首先通过微博、微信、社交论坛等新媒介进行传播扩散，经过一段时间的发酵将引起公众的积极关注和强烈反响，并成为新闻、报纸、电视等传统媒介无法忽视的风险事件之一，之后传统媒体将对相关风险事件进行报道，将风险信号传播给更多接收者。

非正式的人际网络是重大工程环境损害的风险信息传播的另一个主要传播渠道。通常而言，非正式人际网络包括同事、亲戚、朋友、邻居、社会团体等之间的联系。人际网络是任何人都无法撇开的无形沟通渠道，在该渠道网络内，个体间互动频繁，风险信息传播迅速，且由于同一社交网络内的个体往往有相同或相似的价值观和喜好，这些人的观点对个体的风险感知和判断存在很大影响。不同的社会和文化团体对于媒体相关风险信息的报道也会产生截然不同的反应，风险强化的可能性大大增加。

4.1.3 重大工程环境损害的社会风险信息传播的放大站

"风险放大"指风险事件的最终影响超过其初始效应，全燕（2013）认为，通过直接的个人风险体验或接收相关风险信息都可以产生新信息，这些信息被包括下列情况的社会及个体"放大站"进行加工处理：新闻媒体、社会团体中的意见领导者、执行和传播风险技术评估的科学家、风险管理机构、政治活动家、社会组织、同辈及相关群体的个人关系网、公共机构。风险信息的放大站包括社会放大站和个体放大站两类，其中，人际网络中的每个成员凭借社会背景认知形成个体放大站，在系统内部潜移默化地影响各节点状态；媒体和政府机构是风险信息传播的主要社会放大站，需要主动介入才能影响系统内部节点状态转变。

风险信息的放大和弱化可用扩音器和消音器对声音的放大和弱化来模拟，其原理是通过电子元件的组合将接收到的信号放大或弱化。李缨（2007）认为，农民这一弱势群体的声音很小，话语权难以保证，往往需要政府和媒体为他们发声，政府应该为农民发放"扩音器"，利用媒体放大他们的声音，同时可能还要压制另一部分人的声音才能确保农民的声音被听到。在这里，政府和媒体充当群众心声的消音器和扩音器，促进社会公平。

信号放大站可以包括政府部门、科研机构、大众传媒等组成的社会团体及其成员，如政治家、科学家、记者和普通民众等。其中，媒介化传播渠道作为多元利益冲突放大的重要载体，是重大工程环境损害的社会风险信息传播扩散的主要社会放大站。媒体通过对社会风险的定义、选择、传播和控制塑造了公众的风险感知、风险评估和风险行为，在报道风险事件的同时，催化了人们的风险焦虑，并在整体上放大了重大工程环境损害的社会稳定风险。

（1）个体放大站

社会网络中每个成员都是一个个体放大站，风险事件产生的信息流经过复杂的人际网络，每个接收者都会在不同程度、不同维度上放大（弱化）风险信号。除此之外，个人的风险体验也将直接增强公众对风险的直观感受，进而强化风险认知。苏长明等（2011）研究发现，复杂网络中传染病的传播速度与影响规模受初始节点的选择和网络结构影响，把社会网络中的每个成员当作一个节点，因不同节点影响力不同，与其有直接联系的节点数量差异很大，对风险信号放大的效果也会因此不同。譬如，一个流量明星对一款产品的宣传往往会大幅带动该产品的销售量，而一个普通民众对某产品的好评给该产品带来的销售量增加效果将微乎其微。李锋、杨斯（2018）通过对线上社交网络中信息扩散的研究认为，线上口碑营销最具影响力的"代言人"是社交网络中的意见领袖（opinion leader），即在信息扩散中能够影响舆情走向的关键节点，Shriver 和 Harikesh（2013）也通过实证研究分析了意见领袖在信息传播中的影响力。由此可见，社会网络中的每个成员都是个体放大站，而其中的意见领袖又是发挥主导作用的个体。

（2）社会放大站

政府和媒体是主要的社会放大站，通过媒介传播渠道产生并传输信息，每一个接收者同时充当相关风险信息的放大站，通过信息过滤、信号解码、信号解读、采取行动来不同程度地参与风险强化（弱化）过程。

根据风险的社会放大框架，媒体对重大工程环境损害的社会风险进行初始定义，政府机构、利益团体、专家等对媒介中涌现的各类符号做出反应，风险通过符号、图像等被公众解读，产生超过（风险放大）或低于（风险弱化）重大工程建设初始客观环境危害的最终影响。在风险信息传播的过程中，媒体善于捕捉重大工程建设环节中释放的具有危险的"信号"，然后对其解读，并向大众灌输，如此一来，重大工程的环境损害将与风险及其相关的负面形象结合起来，引发风险"污名化"和"涟漪效应"，带来的后果可能是颠覆性的。

我国已进入风险社会与媒介化社会的叠加时期，媒介成为人们获取信息的主要渠道和风险传播的载体，风险媒介化是该时期的典型特征（刘玮，2013）。媒介包括传统媒介和新媒介，前者主要指广播、电视、报纸等传统媒体，后者则主要指微博、微信、贴吧、博客、知乎等新媒体平台。自媒体平台包含于新媒体当中，指社会公众发挥自主性将信息借助网络进行传播和分享的途径，包括微信、微博、各类短视频软件、百度贴吧等网络社区（马文慧，2019）。无论是直接的个人风险体验还是对相关风险信息的接收，都可以增加公众的风险认知，但重大工程环境损害的社会稳定风险的直接体验毕竟占少数，更多时候人们是从媒体获得风险信息来感知风险。如此一来，源自媒体的信息就成了塑造公众风险认知的关键，在风险放大和"污名化"过程中起到重要作用。作为风险的放大站之一，传统媒体在风险报道中是具有高度区分性的，同时也是对所报道事件进行加工的重要政治场所，媒体对新闻事件的报道并不是对客观事实的镜像式再现，而是将看似客观的碎片化事实拼接，选择性地报道事实的某一方面，即在放大风险的同时还对风险进行了加工。譬如，许多经专业测评风险概率极小的事件，经过媒体的过度关注和报道，得到了公众极大的反应并产生了严重的经济和社会后果，而风险值很高的事件，如吸烟，却没有引起媒体的关注，悄无声息地在人群中扩散。除此之外，人们往往倾向于相信媒体的报道，即便他们知道媒体报道时常为了博人眼球而夸大其词，或者他们有与报道内容完全相反的亲身经历，这使我们不得不重视传统媒体在重大工程环境损害的社会风险信息传播中的放大站角色。新媒体社会稳定风险扩散过程中也起到了关键作用，以微博为例，赵玲（2013）研究发现，在微博中，名人微博和官方信息是意见领袖的代表，微博以裂变式传播方式传递信息，覆盖面广、影响力大，助燃了群体性事件的信息传播。

SARF 指出，大众传播媒介是风险的社会放大过程中的一个重要因素，媒介对风险进行定义、选择和加工，显著影响风险放大过程。但Kasperson 等人（Kasperson, Golding and Tuler, 1992）同时也发现，尽管媒体对风险事件的报道引起了大量关注，由于媒体报道、公众认知和社会放大之间是高度互动的，仅凭借持续、高强度的媒体的报道并不能完全导致风险放大，政府公信力和社会信任在其中起到关键作用。缺乏信任将导致风险感知程度提高，强化公众的抵触情绪，并激发以降低风险为目标的激进主义（曾繁旭等，2015），可见政府公信力在影响重大工程环境损害风险的社会放大过程和结果中同样重要（辛方坤，2018）。

4.2　重大工程环境损害的社会风险扩散过程分析

4.2.1　社会网络媒介化的社会风险 SARF – SIRS 模型设计

SARF 框架与 SIR 模型在风险扩散研究中的应用是相通的，SARF框架中，信息源是风险产生的源头，对应 SIR 模型中病毒传播的传染源；信息渠道和放大站是风险传播扩散的媒介，对应病毒传播的传播介质。风险信息的传播渠道有媒体渠道和人际关系渠道两种，媒体渠道包括以广播、电视、报纸为主的传统媒介和以微博、微信、贴吧等为代表的新媒介，人际关系渠道指同事、亲戚、朋友、邻居等非正式的人际网络。风险信息的放大站包括社会放大站和个体放大站两类，其中，人际网络中的每个成员凭借社会背景认知形成个体放大站，在社会系统内部潜移默化地影响各节点状态转变；媒体和政府机构是风险信息传播的主要社会放大站，需要主动介入才能影响系统内部节点状态转变，社会放大站是本书重点关注的对象。1927 年 Kermack 和 Mckendrick 用微分动力学方法建立了经典的 SIR（Susceptible – Infected – Removed）模型，用于描述在疾病传播系统中，感染者被治愈后可形成免疫，不会再被感染，或避免由于难以治愈而死亡，从而移出疾病传播系统，不再具有传染力。由于传染病模型中的病毒传播机制与社会网络中的信息传播机制高度相似，多数学者选择利用传染病模型研究社会网络中的信息传播扩散。胡志浩（2017）在以传染病模型为基础研究复杂金融网络中的风险传染扩散的过程中得出：在具有无标度性的金融网络中，金融风险感染总是存在，风险扩散同流行病的传播类似，引入传染病模型研究社会网络中风险信息的扩散机制是恰当的。

网络内所有节点被分为三类：易感者 S，感染者 I 和移出者 R（如免疫者、隔离者和死亡者），t 时刻三类节点的密度依次为 $S(t)$、$I(t)$、$R(t)$，且 $S(t) + I(t) + R(t) = 1$。易感者处于健康状态，对社会网络中的信息未知或尚未接触；感染者是社会网络中信息的传播者，在社会网络中对信息进行传播扩散；免疫者对社会网络中的信息失去兴趣或发现信息的不真实性从而不再传播信息。以社交网络为背景的经典 SIR 模型有如下假设，并暗含假设每个病人接触的人数相同：

（1）系统中个体总数 N 保持不变，不考虑出生和自然死亡。

（2）易感者与感染者接触，以概率 λ 被感染（接收信息后选择相信并传播信息），λ 为传染率，表示单位时间内一个易感者与一个感染者接触后被传染的概率。

（3）μ 为治愈率或移除率，单位时间内，感染者以概率 μ 康复转变为免疫者或死亡，不再传播信息。

经典 SIR 模型的微分形式如下，传播机制见图 4－3。

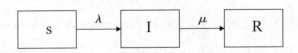

图 4－3 经典 SIR 模型传播机制

$$
\begin{cases}
\dfrac{dS(t)}{d(t)} = -\lambda S(t)I(t) \\[2mm]
\dfrac{dI(t)}{d(t)} = \lambda S(t)I(t) - \mu I(t) \\[2mm]
\dfrac{dR(t)}{d(t)} = \mu I(t)
\end{cases}
\qquad (4-1)
$$

基于经典 SIR 模型，借鉴丁学君（2015）、王治莹和李勇建（2017）的方法，引入 SARF 框架中的社会放大站——政府和媒体作为 SIRS 模型系统的外部主体，研究风险扩散过程中社会放大站对 SIRS 模型系统内部节点状态转变的影响，建立社会风险扩散的 SARF – SIRS 模型，风险信息传播规则如下：

（1）社会风险扩散系统内总人数为 N，N 保持不变，所有参与人分为易感者（S）、传播者（I）、免疫者（R）三类，易感者是对风险信息尚不知情，但其得知风险信息后有可能进行传播；传播者是知道且传播风险信息的人；免疫者是对本轮风险信息知情且不会传播该信息的人，但由于新一轮信息的产生，免疫者并不知情，还是会以一定概率重新变回易感者。

（2）易感者 S 与传播者 I 接触后以概率 P_{si} 变为传播者；

（3）传播者 I 在传播风险信息后，由于对信息失去兴趣不再传播信息，并以概率 P_{ir} 变为免疫者；

（4）风险事件持续演化，免疫者 R 将以概率 P_{rs} 重新变回易感者。

风险信息传播规则见图 4 – 4：

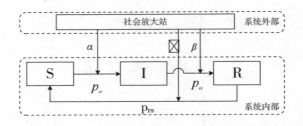

图 4-4 社会风险扩散机制/社会风险信息传播规则

SARF – SIRS 模型的动力学方程为：

$$
\begin{cases}
\dfrac{dS(t)}{d(t)} = (P_{rs} + \gamma)R(t) - (P_{si} + \alpha)S(t)I(t) \\[2ex]
\dfrac{dI(t)}{d(t)} = (P_{si} + \alpha)S(t)I(t) - (P_{ir} + \beta)I(t) \\[2ex]
\dfrac{dR(t)}{d(t)} = (P_{ir} + \beta)I(t) - (P_{rs} + \gamma)R(t) \\[2ex]
S(t) + I(t) + R(t) = 1
\end{cases}
\tag{4-3}
$$

上式中，$S(t)$、$I(t)$、$R(t)$ 依次表示 t 时刻系统中易感节点、传播节点和免疫节点的密度，假设初始时刻系统内各节点密度依次为 $S_0 = 0.95$、$I_0 = 0.05$、$R_0 = 0.00$，P 为系统内部节点类型转变概率，α、β、γ 代表外部放大站对系统内部节点状态转变的影响系数，其中 $\alpha = P(t) - G(t)$，表示新媒体与政府和传统媒体两股力量的差值，表征政府的公信力水平。β 作用于传播者向免疫状态转变，用于衡量政府的管控措施和用于化解社会风险与社会矛盾的机制，表征政府的治理能力。γ 是外部放大站对系统内部免疫者重新回到易感状态的影响系数。

$\alpha \cdot \beta \cdot \gamma \in [-1,1]$，$P_{si} \cdot P_{ir} \cdot P_{rs} \in [0,1]$，$0 \leqslant P_{si} + \alpha \leqslant 1$，$0 \leqslant P_{ir} + \beta \leqslant 1$，

$0 \leqslant P_{rs} + \gamma \leqslant 1$

系统内部每个个体在外部社会放大站——政府和媒体的共同作用

下，部分易感者接触风险信息后选择传播信息变为传播者，最终意识到信息不准确或对信息失去兴趣便不再传播信息而变为免疫者。免疫者受外部放大站和系统内部信息演化的进一步影响重新回到易感状态的动态过程，风险信息进入放大站被一定程度地放大和弱化。SARF – SIRS 模型应用到重大工程环境损害社会风险信息传播扩散过程中，描述了在不同类型媒介的相互作用下产生的不同类型社会放大站，风险信息通过社会放大站被不同程度地歪曲解读，并在更大/更小的范围内传播，造成风险放大/弱化的过程。模型对加大媒介管理、找出解决风险放大的路径具有重要意义。

4.2.2　社会网络媒介化的社会风险扩散机制

由于政府放大或弱化风险信号需要通过媒介发声，高效的政务信息发布平台是影响风险社会放大的关键（李鹏、李文慧，2018）。根据我国国情，广播、电视、报纸等传统媒体报道环境损害事件往往受政府影响，政务微博、微信公众号等政府直接发声的媒介平台更是代表了政府的价值取向，传统媒体及政府官方新媒体平台作为"政府型媒介"充当"政府型社会放大站"，在风险事件演化过程中扮演了重要角色。受微博、微信、贴吧等自媒体的冲击，公众不再接受统一的声音告知对错，"政府型媒介"主导信息传播的格局有所改变，除"政府型媒介"外的自媒体作为"民众型媒介"充当"民众型社会放大站"，成为公众参与和民意表达的主要途径。相比于"政府型媒介"，"民众型媒介"具有更强的自主性，环境损害话题可在其内部快速讨论与传播，催生环境维权、集体游行等环境群体性事件（陈虹、潘玉，2018）。

　　风险信息在系统内部按照一定的传导规则进行传导，在外部社会放大站——媒体、政府的影响下一定程度地放大或弱化。我国当前国情决定了国内传统媒体的价值取向往往与政府一致，而新媒体相对来说具有更强的自主性。由于重大工程环境损害群体性事件的演变过程中政府公信力水平也随之变化（侯俊东，肖人彬，2017），反过来作用于社会风险扩散过程，令 $\alpha = P(t) - G(t)$ 衡量两股力量强弱的差值，表征政府的公信力水平。其中，$P(t)$ 代表"民众型媒介"力量，$G(t)$ 代表"政府型媒介"力量，"政府型媒介"和"民众型媒介"对风险扩散既能产生推进作用，也会产生抑制作用。两者作为社会放大站对风险扩散的综合影响可分为三种情况：放大、弱化、无显著影响。

　　在重大工程环境损害事件发展初期，传统媒体一般不会率先报道，风险信息主要通过微博、微信、贴吧等民众自媒体传播，政府在未确定风险事件演变趋势之前往往也处于"静观其变"的"失声"状态，这可能会引起群众的不满和猜疑，导致谣言滋生，促进易感者向传播状态转变，此阶段"民众型媒介"力量体现大于"政府型媒介"力量，$\alpha > 0$；

　　自媒体继续发酵，促进风险信息扩散，政府开始着重关注，传统媒体介入报道，把风险事件的客观影响公布使受众了解事实真相，摒弃不实谣言，一定程度上可以抑制信息扩散，易感者向传播状态转变、传播者向免疫状态转变、免疫者再次变为易感状态同时发生，"民众型媒介"力量与"政府型媒介"力量不相上下，$\alpha = 0$；

　　后期由于政府部门出面通过传统媒体辟谣、采取风险应急及补救措施等，重大工程环境损害造成的实际损失得以补偿，可能存在的潜在损失也随着谣言的衰减被减缓甚至消除，此过程中"民众型媒介"力量小于"政府型媒介"力量，$\alpha < 0$。

总之，"民众型媒介"和"政府型媒介"对风险扩散既能产生推进作用，也会产生抑制作用。两者充当的社会放大站对风险扩散的综合作用可分为三种情况：放大、弱化、无显著影响。根据放大站中主导力量的不同将社会放大站分为三类：民众主导型社会放大站、政府主导型社会放大站、力量均衡型社会放大站，见表 4 - 1：

表 4 - 1　社会放大站的分类

α 的取值	社会放大站的类型	对风险扩散的影响
$\alpha > 0$	民众主导型	放大
$\alpha < 0$	政府主导型	弱化
$\alpha = 0$	力量均衡型	无显著影响

（1）政府主导型社会放大站

政府主导型社会放大站中，"政府型媒介"的力量强于"民众型媒介"，此类放大站的形成建立在较强的政府公信力和治理能力基础之上。较强的公信力使得民众对来自政府的发言较为信任，辟谣措施更有效，高效的治理能力保证政府对可能存在的风险和潜在突发灾害能进行有效防控以降低慌乱与无序，维持社会稳定（田军等，2014）。风险信息进入此类放大站后虽经历放大过程，但通过辟谣、风险应急及补救等有效的治理措施使得重大工程环境损害造成的实际损失得以补偿，可能存在的潜在损失也随着谣言的衰减被削弱甚至消除，风险最终被弱化。

（2）民众主导型社会放大站

官方信息缺位将导致民间信息泛滥，政府公信力较弱使得"民众型媒介"主导社会舆论和风险传播。民众主导型社会放大站中，"民众型媒介"的力量强于"政府型媒介"，风险信息主要通过微博、微信、贴吧等普泛化和平民化、短时间内可爆炸式传播的自媒体传播。政府不作为直接体现为治理能力低下，难以控制风险扩散趋势，缺乏政府信任使公众对重大工程项目的风险感知水平提升，抵触情绪随之强化，更易引致集体非理性行为，风险信息进入此类放大站被无序地转换、放大。

（3）力量均衡型社会放大站

力量均衡型社会放大站介于政府主导型和民众主导型两类社会放大站之间，当政府的公信力和治理能力提高时，力量均衡型社会放大站将变为政府主导型，反之则变成民众主导型社会放大站。社会网络媒介化下重大工程环境损害社会风险扩散机制如图4-5。

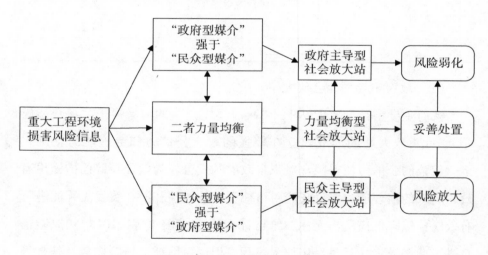

图4-5　社会网络媒介化下重大工程环境损害社会风险扩散机制

4.2.3　重大工程环境损害的社会风险扩散演化

假设初始时刻系统内各节点密度依次为 $S_0 = 0.95$、$I_0 = 0.05$、$R_0 = 0.00$，一般而言，免疫者重新回到易感状态的概率要小于易感者向传播状态转化的概率和传播者向免疫状态转化的概率，易感者向传播状态转化的概率则大于传播者向免疫状态转变的概率，这也是风险扩散的内在动力，不失为一般性。设 $P_{si}=0.6$，$P_{ir}=0.2$，$P_{rs}=0.1$，依次研究 α、β、γ 值的变化对风险扩散的影响。将（$\alpha=0$，$\beta=0$，$\gamma=0$）设置为对照组，并设置表 4 - 2 中的实验组，具体仿真结果见图 4 - 6、4 - 7、4 - 8。

表 4 - 2　实验组设置

	α	β	γ
对照组	0	0	0
实验组 1a	0.1	0	0
实验组 1b	− 0.1	0	0
实验组 2a	0	0.1	0
实验组 2b	0	− 0.1	0
实验组 3	0	0	0.1

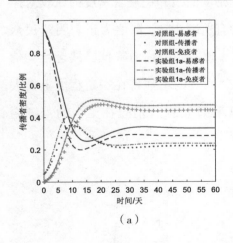

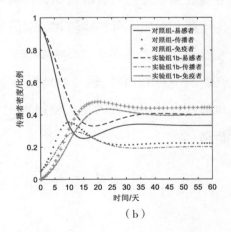

（a）　　　　　　　　　　　　　　（b）

图 4 - 6　α 值改变对风险扩散的影响

图4-6展示了α值改变对重大工程环境损害风险扩散的影响，对照组（α=0，β=0，γ=0）表示无外部社会放大站干预时系统内易感者、传播者和免疫者密度变化趋势。从上图可以看出，从初始时刻开始，传播者密度先经历短时间的快速增长，达到一定的峰值后开始下降，最终趋于一个稳定的密度值，表明风险信息产生后将先在系统内传播扩散一段时间，达到风险扩散的峰值后慢慢消散，最终稳定在一定的水平。这与现实的社会风险信息扩散的"产生—发展—高潮—衰退—消散/小范围内稳定存在"历程一致。

实验组1a（α=0.1，β=0，γ=0）的仿真结果见图4-6（a），相比于对照组，实验组1a在控制β、γ值不变的情况下增加了α值，使其取值为正，导致系统内易感者密度曲线较对照组下降，传播者密度曲线和免疫者密度曲线较对照组上升；实验组1b（α=-0.1，β=0，γ=0）在控制β、γ值不变的情况下降低了α值，使其取值为负，仿真结果见图4-6（b），系统内易感者密度曲线较对照组上升，无论峰值还是稳态值均有所增加，传播者密度曲线和免疫者密度曲线较对照组下降，对应人群的峰值和稳态值均有所减小。α取值为正表明"民众型媒介"的力量强于"政府型媒介"，政府的公信力降低，缺乏社会信任，"民众型媒介"较"政府型媒介"力量的增强将在一定程度上扩大风险信息的传播者占比，使得重大工程环境损害信息在更大的范围内传播。

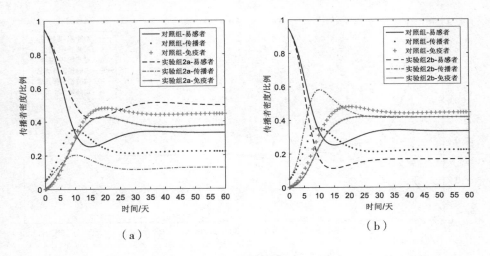

（a） （b）

图 4 - 7 β 值改变对风险扩散的影响

图 4 - 7 展示了 β 值改变对重大工程环境损害风险扩散的影响，β 值指用于衡量政府的管控措施和用于化解社会风险与社会矛盾的机制，表征政府的治理能力。相对于对照组（$\alpha = 0$，$\beta = 0$，$\gamma = 0$），实验组 2a（$\alpha = 0$，$\beta = 0.1$，$\gamma = 0$）在控制 α、γ 值不变的情况下增加了 β 值，仿真结果见图 4 - 7（a）。β 值的增加使得系统内易感者密度曲线较对照组大幅上升，传播者密度曲线大幅下降，峰值和稳态值都较对照组显著降低，免疫者的峰值和稳态值也较对照组略微降低，表明政府治理能力的提升可以降低系统内传播者的占比，缩小风险信息的传播范围。实验组 2b（$\alpha = 0$，$\beta = -0.1$，$\gamma = 0$）在控制 α、γ 值不变的情况下降低了 β 值，仿真结果见图 4 - 7（b），与实验组 2a 截然相反，易感者密度曲线大幅下降，传播者密度曲线大幅上升，政府治理能力下降使得系统内传播者占比上升，扩大了风险信息传播范围。

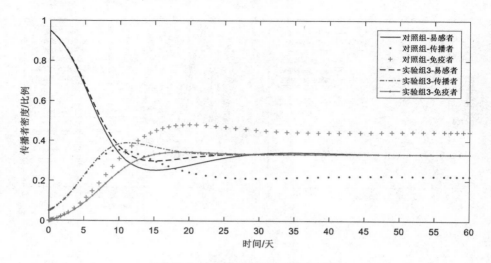

图4－8　γ值改变对风险扩散的影响

外部放大站存在的情况下，免疫者 R 受其进一步的影响将重新变回易感者，图4－8中对照组（$\alpha=0$，$\beta=0$，$\gamma=0$）表示外部放大站对系统内部风险信息扩散无干预时的情境，实验组 3（$\alpha=0$，$\beta=0$，$\gamma=0.1$）改变了γ的取值，增加了外部放大站对免疫者重新回到易感状态过程的干预。对比对照组和实验组 3 可以看到，实验组 3 中传播者密度的峰值和达到稳态时的数值更大，免疫者的密度峰值和稳态时的数值则相对较小，易感者密度无明显差异，达到稳态的时间也基本一致（35天），表明γ值的增加同样会扩大风险信息扩散的范围。

4.3 重大工程环境损害的社会风险扩散的社会响应

4.3.1 重大工程环境损害的社会风险扩散的群体行为

重大工程环境损害事件一经爆发，往往会在社会公众中间掀起讨论狂潮，公众通过线下的人际关系网络口头传播和线上自媒体的发帖、转发、评论、点赞等行为表达自己的情绪和观点并进行信息交换。每个人对重大工程环境损害风险的认知、情感和态度不同，社会系统将公众的认知、情感和态度聚集在一起，尤其是当某一重大工程环境损害事件引起社会公众持续、大量"围观"时，群体行为就发生了。群体行为是指由两个或以上相互影响、相互作用、相互依赖的个体组成的集合体自发形成的行动，通常情况下群体行为往往以消极的方式呈现，如踩踏、哄抢等行为（董静等，2019）。国内学者对群体行为的定义为"由一群具有一致的目的和动机的社会公众参与，活动过程中出现扰乱社会秩序、危害他人或公共安全的行为"（赵小丽、吴强等，2014）。

重大工程环境损害社会风险扩散的群体行为产生过程见图 4 - 9。首先，当某一重大工程项目环境损害事件发生后，社会公众根据个体经验和知识积累通过"政府型媒介"和"民众型媒介"发表个人观点，并与他人进行信息交流，初步产生少数零星评论；当关注环境损害事件的人越来越多时，将逐步形成"群体围观"；随着传播者数目越来越多，不同人的情绪相互感染，群体内各种观点相互碰撞、摩擦和融合，将大致趋向正面和负面两种观点和情绪，带有负面情绪和观点的传播者大量聚集最终导致扰乱社会秩序的重大工程环境损害事件群体行为产生，如集体游行、大规模社会抗议等。

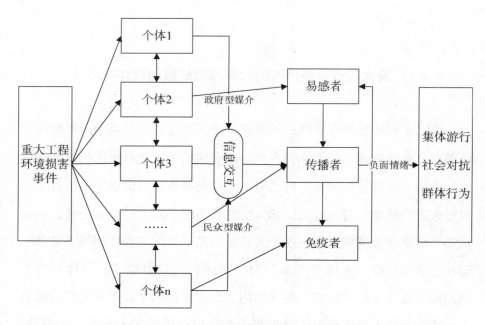

图 4 - 9　重大工程环境损害风险的群体行为产生过程

大量具有负面情绪的社会公众聚集在一起就重大工程环境损害事件展开激烈讨论，政府一旦处理不当就会引发集体抗争行为，造成重大工程环境损害的社会风险扩散，严重影响社会稳定，如四川什邡钼铜项目事件，江苏启东污水排海项目事件，昆明、宁波等地的 PX 项目事件等。因此，研究重大工程环境损害社会风险扩散过程中社会公众的群体行为的产生、扩散以及疏导措施具有重要的现实意义。

由于重大工程环境损害风险信息传播系统内，除初始值外，传播者来源于易感者的单方面转变，易感者接触风险信息后以一定概率变为传播者，也可以对信息产生免疫变成免疫者。免疫者来源于易感者的过度转变和传播者的直接转变，而使传播者变成免疫状态往往需要政府耗用大量成本。因此，若想降低风险信息的传播范围，最优决策是让易感者直接变成免疫者而不是变成传播者，易感者的群体行为将对重大工程环境损害的社会风险扩散起到根本性作用，以下将采用博弈的方法分析易感者的决策，以此研究重大工程环境损害事件中易感者的群体行为。

（1）基本假设

假设公众在听到风险谣言时具有传播谣言的欲望，若其缄口不言，会受到情绪上的压抑，从而对自身造成一定的损失。假设政府监管谣言可以有效地控制谣言的传播，并且使得传播谣言的公众受到相应的法律制裁，但是会产生一定的监管成本；而若政府不进行监管，则谣言可能在被公众传播后扰乱社会正常秩序，造成一定程度上的社会紊乱。

根据以上假设，公众有"传播"和"不传播"两种行动策略，政府有"监管"和"不监管"两种行动策略。

（2）参数设定

假设公众传播谣言会给自身带来的收益为 R ，不传播谣言会给自身带来的压抑感损失为 L ，传播谣言后若被政府监管，则会受到的法律制裁的损失为 $A(A > R)$ ；政府的监管成本为 C ，若政府不监管且谣言被传播，则会造成 $S(S > C)$ 的社会负收益。

（3）模型构建及求解

根据以上假设和参数设定，构建以下博弈矩阵：

		政府	
		监管	不监管
公众	传播	$(R - A, - C)$	$(R, - S)$
	不传播	$(- L, - C)$	$(- L, 0)$

设公众选择"传播"的概率为 x ，政府选择"监管"的概率为 y ，当公众和政府都处于理性状态时，上述博弈矩阵的纳什均衡解满足：

$$\begin{cases} - xC - (1 - x)C = - xS \\ - yL - (1 - y)L = y(R - A) + (1 - y)R \end{cases}$$

解得：

$$\begin{cases} x = C/S \\ y = (R + L)/A \end{cases}$$

（4）结果分析

根据以上模型求解可以得出，政府的监管成本和谣言被传播时对社会造成的危害会影响公众传播谣言的概率。这是因为当监管成本变低或谣言传播对社会危害大时，若公众不改变自己行动策略的概率，则政府将加大监管力度，使得公众不得不从传播谣言转向缄口不言，最终改变传播的概率达到新的纳什均衡解，新的纳什均衡解政府监管的概率不变，公众选择传播的概率变小；反之，当监管成本变高且谣言传播对社会危害小时，公众选择传播的概率将变大。

同理，公众传播谣言的收益、不传播谣言的压抑感损失和传播谣言受到的法律制裁损失将影响政府监管的概率。当传播谣言的收益变大、不传播谣言的压抑感损失变大、传播谣言受到的法律制裁损失变小时，政府将增大监管的概率，即增大监管力度，反之，则政府将减小监管力度。

4.3.2　重大工程环境损害的社会风险扩散的涟漪效应

风险的社会放大框架（SARF）的第二阶段主要针对风险强化的过程指出，一些事件将会制造有可能扩散到远远超过事件最初的影响、甚至可能最终影响到过去毫无相关的专业群体和机构的次级和再次级后果的"涟漪"（Kasperson et al.，1988）。重大工程环境损害的社会风险扩散的涟漪效应包括政府公信力和社会信任的丧失，要求实施管制性限制、诉讼、社区抵制等。

涟漪效应描述了涟漪向外扩散的现象，首先包围直接受影响的受害者或首先被告知信息的社会公众群体，然后触及到更高的组织层级，如社区，最后传播到整个社会。重大工程环境损害事件的涟漪效应首先影响重大工程项目建设环境损害的直接利益相关者，主要指项目建设区内的居民，然后波及项目建设区外的其他公众，涟漪向外扩散最终可传导至更大范围，在整个社会层面引起轰动。影响的涟漪状传导是风险放大的一个关键因素，其传导过程有可能会放大或弱化风险影响，且每一序位的影响或涟漪可能不仅带来经济、社会和政治后果，还有可能引发（风险放大过程中）或阻碍（风险弱化过程中）试图降低重大工程环境损害风险的管理上的干预。

涟漪效应源自于"污名化"，污名化是风险放大能借以引起涟漪和次级影响的一条主要途径，由污名引致的与重大工程环境损害风险有关的项目、技术、产品的后果是严重的。污名产生的源头在于公众对重大工程环境损害风险的过度认知，污名化的重大工程项目被认为必然破坏生态环境，导致物种多样性下降，污染大气、水、土壤，甚至是威胁人

121

类身体健康的。SARF - SIRS 模型中的传播者是污名化信息传播的主体，重大工程环境损害风险的污名化信息经传播者传播扩散，造成社会失稳。由于系统中只有传播者的行为才会对社会稳定造成危害，风险扩散的范围可以用传播者的密度衡量，因此下面重点考察系统中传播者的密度变化趋势，并进行如下仿真分析。

γ 作用于免疫者 R 受社会放大站影响丧失暂时免疫能力重新变回易感状态的过程，其取值往往是正数，不妨取 $\gamma = 0.1$，取天数 $t \in [0, 60]$，依次改变 α 和 β 的取值，研究政府公信力和治理能力变化对重大工程环境损害风险扩散涟漪效应的影响，仿真结果见图 4 - 10、4 - 11、4 - 12。

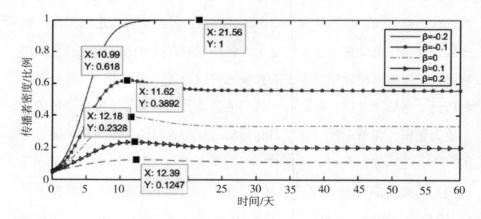

图 4 - 10 $\alpha = 0$ 时传播者密度变化趋势

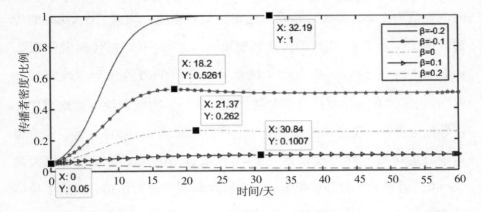

图4－11　$\alpha = -0.2$ 时传播者密度变化趋势

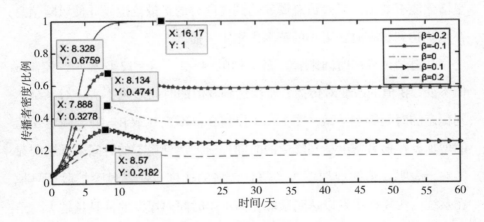

图4－12　$\alpha = 0.2$ 时传播者密度变化趋势

图4－10、4－11、4－12分别表示 α 等于0、小于0（$\alpha = -0.2$）和大于0（$\alpha = 0.2$）时传播者密度的变化趋势，图中不同的曲线代表不同的 β 值。从涟漪传导的范围来看，随着 β 值的增加，传播者密度的峰值和达到稳态时的密度均下降，表明增大 β 值可以显著缩小社会风险扩散的范围（图4－11也可显示）；对比图4－10、4－11、4－12发现，当控制 β 值相同时，随着 α 值的增加，传播者密度的峰值和稳态

时的数值均变大，即无论是峰值还是达到稳态值，均有"α<0时的传播者密度"＜"α=0时的传播者密度"＜"α>0时的传播者密度"，而 $α = U(t) - G(t) > 0$ 表示"民众型媒介"的力量强于"政府型媒介"，也即民众主导型社会放大站，政府的公信力较弱使得民众型媒介主导社会舆论，反之则是政府主导型社会放大站（α<0）。这意味着相对于力量均衡型社会放大站（α=0）来看，民众主导型社会放大站（α>0）对重大工程环境损害的社会风险起到了放大作用，政府主导型社会放大站（α<0）则起到了弱化作用。由此可见，政府主导型社会放大站能有效抑制风险扩散，"政府型媒介"相对"民众型媒介"的力量增强能有效缩小风险信息爆发达到高潮时的扩散范围，并使风险信息在系统达到稳态时在更小的范围内稳定传播。

从涟漪传导的时间来看，图4-10、4-11、4-12均显示，控制α值不变，β值的改变对传播者密度达到峰值的时间影响不一，对系统达到稳态的时间影响甚微；图4-13控制β值不变（取β=0），随着α值的增加，传播者密度达到峰值的时间提前，达到稳态的时间未受到明显影响，表明α值的增加加快了信息传播的速度，使得风险扩散更早地在系统内大规模爆发以达到顶峰，而单位时间内爆发的信息量越大，给社会系统的反应时间越短，往往越容易引发社会失稳。α值增加意味着"民众型媒介"较"政府型媒介"的力量增强，在缺乏政府监管的条件下，以微博、微信、贴吧为代表的自媒体是民意表达的首选方式，自媒体用户量大、信息交换速度快，环境损害风险信息在其内部迅速传播扩散将严重威胁社会稳定。

为进一步区分政府公信力和治理能力变化对风险扩散的涟漪效应的影响，保持γ=0.1，以α=0，β=0为对照组，并设置表4-3中的Ⅰ、

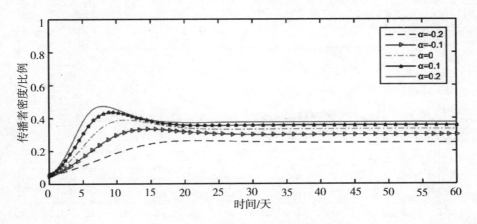

图 4 - 13　β = 0 时 α 不同取值对应的传播者密度变化趋势对比

Ⅱ、Ⅲ、Ⅳ四个实验组，为避免单次实验的误差，每个实验组取两组数值，如实验组Ⅰ对应 1a、1b 两组数据，共计 8 组数据展开对比分析。其中，较对照组来说，实验组Ⅰ代表政府公信力和治理能力均提升；实验组Ⅱ代表政府公信力下降、治理能力提升；实验组Ⅲ代表政府公信力提升、治理能力下降；实验组Ⅳ代表政府公信力和治理能力均下降，仿真结果见图 4 - 14。

表 4 - 3　实验组设置

	治理能力提升（β 值增大）		治理能力下降（β 值减小）	
公信力提升 （α 值减小）	实验组 Ⅰ	1a：α = -0.2，β = 0.2 1b：α = -0.1，β = 0.1	实验组 Ⅲ	3a：α = -0.2，β = -0.2 3b：α = -0.1，β = -0.1
公信力下降 （α 值增大）	实验组 Ⅱ	2a：α = 0.2，β = 0.2 2b：α = 0.1，β = 0.1	实验组 Ⅳ	4a：α = 0.2，β = -0.2 4b：α = 0.1，β = -0.1

不难预料到，政府公信力和治理能力均提升（实验组Ⅰ）将弱化风险扩散，而公信力和治理能力均下降（实验组Ⅳ）则会放大风险扩

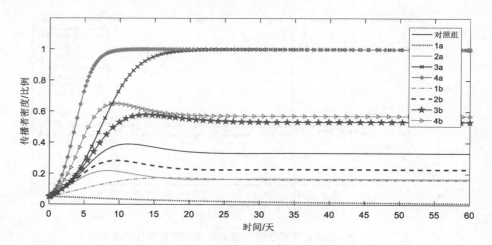

图 4 - 14 政府公信力和治理能力变化对重大工程环境损害风险扩散的影响

散，我们的关注点在于政府公信力下降而治理能力提升（实验组Ⅱ）或是公信力提升而治理能力下降（实验组Ⅲ）对重大工程环境损害风险扩散的影响。据图 4 - 14 显示，相比于对照组（α = 0，β = 0），1a、1b、2a、2b 对应的传播者密度曲线均位于对照组曲线下方，无论是峰值还是稳态值均较对照组减小，而 3a、3b、4a、4b 对应的传播者密度曲线均位于对照组曲线上方，传播者密度的峰值和稳态值均较对照组增大，表明实验组Ⅰ、Ⅱ缩小了风险扩散范围，而实验组Ⅲ、Ⅳ则扩大了风险扩散范围。实验组Ⅱ、Ⅲ的仿真结果表明，相对于公信力水平，政府治理能力提升对重大工程环境损害风险扩散的影响更大，有效的治理措施可以弥补重大工程建设带来的实际环境损害，化解社会风险与社会矛盾。

以上分析表明，为缩小重大工程环境损害风险的涟漪传导范围，引导的风险信息朝着"弱化"的方向发展，应降低 α 值、增大 β 值。降低 α 值意味着降低"民众型媒介"的话语权，提高政府公信力，避免"民众型媒介"主导重大工程环境损害的社会风险扩散，加强"政府型媒介"在信息传播中的主导作用；增大 β 值即提高政府的治理能力，政府治理能力相对于公信力水平对重大工程环境损害风险的影响更大，通过实施切实有效的重大工程环境损害管控措施和化解环境风险与社会对抗的机制，缩小重大工程环境损害社会风险的波及范围。

第五章　社会网络媒介化中重大工程环境损害的社会稳定风险形成机理

5.1　基于 SNA 模型的重大工程环境损害关键利益主体确定

5.1.1　重大工程环境损害利益主体关系强度矩阵的建立

重大工程项目的全生命周期的各个阶段都有可能发生环境损害，或成为环境损害的潜在致因，在这些阶段都有不同的利益主体参与其中。重大工程项目的全生命周期可以被划分为 6 个阶段：项目决策阶段、规划设计阶段、项目实施阶段、竣工验收阶段、项目运营阶段与报废拆除阶段。当地政府、环境保护部门、社会投资人贯穿于整个项目运营周期中。设计单位、施工单位、材料供应商、商业银行等利益主体主要参与规划设计阶段、项目实施阶段、竣工验收阶段、项目运营阶段。当地民众、媒体、专家学者等利益主体有权利参与到全生命周期中，但是由于种种原因限制，这些利益主体只是选择性参与到一些阶段中。如公众参与度不高的项目，当地民众可能不能参与项目决策阶段和规划设计阶段。媒体也没有足够金钱与精力支撑去跟踪报道重大工程项目的建设全过程，而仅仅在工程出现亮点或问题时进行报道。

据此，本书将所有参与到重大工程项目的全生命周期中的利益相关者分为以下三类：政府管理部门、项目实施部门与社会公众。具体分类见表5-1。

表5-1 重大工程利益相关者识别

利益相关者类型	具体利益相关者
政府管理部门	当地政府（S1）、监管部门（S2）、审批部门（S3）、治安管理部门（S4）、环境保护部门（S5）
项目实施部门	项目法人（S6）、勘探单位（S7）、设计单位（S8）、咨询单位（S9）、施工单位（S10）、材料供应商（S11）、商业银行（S12）、保险公司（S13）
社会公众	当地民众（S14）、传统媒体（S15）、自媒体（S16）、网络大V（S17）、非营利组织（S18）、专家学者（S19）

在识别重大工程环境损害关键利益主体的基础上，发放调查问卷。将关系强度分为：关系强度很大（5分）、关系强度较大（4分）、关系强度一般（3分）、基本没有关系（2分）、无关系（1分）。通过统计分析求取平均数，得到重大工程环境损害关键利益主体关系强度矩阵。

将关系矩阵中的数据输入到 Ucinet 6 软件中，利用 Netdraw 功能，将影响利益冲突各因素的关系通过关系网络图表现出来，如图5-1所示。由关系网络图可以发现，重大工程环境损害的19个主要利益主体之间都存在联系，只是权重不同。仅凭网络图并不能判断哪些因素起主导作用，需对网络密度、点度中心度、接近中心度和特征向量中心度四个指标做进一步分析。

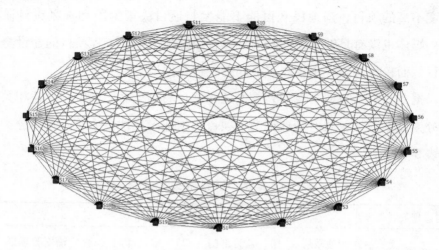

图 5 - 1　利益冲突利益主体关系图

5.1.2　SNA 模型相关指标分析

（1）网络密度分析

网络密度描述一个网络图中各点之间关联的紧密程度，其计算公式为：

$$\text{Density} = \frac{L}{N(N-1)} \tag{5-1}$$

其中，L 为网络中箭线（联系）的个数。密度值介于 0 ~ 1 之间，密度越大，说明个体之间的联系越紧密，组织的凝聚力越高。运行 Ucinet6 软件，可得网络密度为 0.2924，该数据表示网络整体密度不够密集，略分散，利益主体间的关联主要集中分布在网络中心位置的关键节点处，网络其他边缘位置联系比较分散，说明利益冲突问题主要集中于部分利益主体。接下来通过中心度，可以发现哪些关键利益主体会对重大工程环境损害的利益冲突发生较大影响。

（2）中心度分析

在社会网络中心性的描述中，中心度指一个节点在网络中处于核心地位的程度。当网络节点具有更高的中心性值时，它是在网络中拥有高影响力和高优先级。度、接近中心度和特征向量中心度三种中心性广泛用于网络分析。

点度中心度表示在社会网络中，一个行动者与其他很多行动者有直接联系，该行动者处于中心地位。采用节点的点入度反映点度中心度，表示某结点的结点度与连线总数之比。其计算公式为：

$$C_{uc} = \frac{\sum_{i-1}^{n}(z_{ij} - z_{jt})}{\sum_{i=1}^{n}\sum_{j=1}^{n}z_{ij}} \qquad (5-2)$$

接近中心度测量的是行动者对资源控制的程度。如果一个点处于许多其他点对的捷径（最短的途径）上，则该点具有较高的接近中心度。在此意义上说，它起到沟通各个他者的桥梁作用。而特征向量是刻画行动者中心度以及网络中心势的一种标准化测度，它的目的是在网络整体结构的意义上，找到网络中最核心的成员，同时也可以测量出整个网络的"特征向量中心势"指数。

运行 Ucinet6 软件，基于这三种中心性排名前十的利益相关者如表 5-2 所示。

表 5-2　中心性前十的利益相关者

排名	编号	利益相关者名称	度	接近中心度	特征向量中心度
1	S1	当地政府	71.429	20.000	46.944
2	S5	环境保护部门	71.429	20.000	46.944

排名	编号	利益相关者名称	度	接近中心度	特征向量中心度
3	S14	当地民众	71.429	20.000	46.944
4	S15	传统媒体	71.429	20.000	46.944
5	S16	自媒体	71.429	20.000	46.944
6	S4	治安管理部门	64.286	19.718	43.836
7	S6	项目法人	64.286	19.718	43.836
8	S17	网络大V	57.143	19.444	39.641
9	S3	审批部门	50.000	19.178	36.185
10	S10	施工单位	50.000	19.178	36.185

5.1.3　重大工程环境损害关键利益主体确定

当地政府在处理重大工程环境损害的利益冲突时发挥着沟通协调的作用，与项目投资、设计、施工方及当地民众有着直接的联系，参与整个利益冲突发展的全过程。当地政府对于重大工程环境利益冲突风险有最高的影响力。

而环境保护部门是重大工程环境利益冲突中的主要管理部门，当地民众是重大工程环境问题中最直接的受影响群体，他们对重大工程环境利益冲突风险有着较高的影响力。

同时，各类媒体对于重大工程环境利益冲突风险的影响力也较为突出。社会媒体能够起到社会强化的作用，媒体对于重大工程环境问题的事件迅速广泛的传播能够迅速扩大或缩小利益冲突风险。社会媒体既可能对事件进行客观公正的报道，或积极辟谣督促冲突解决，也可能会出于对流量的期望和要求，不顾媒体应具备的专业性，进行碎片化、无底线、不计后果的传播。各类媒体中，传统媒体在重大工程环境冲突事件的前期经常性失语，自媒体成为公众动员和扩散事件影响力的重要平台。经统计，64%的环境群体性事件通过自媒体进行号召、动员。但在后期，传统媒体在深度报道、观点视角、权威真实等方面占有绝对的主导权，为公众提供多元的报道视角，为公众建立公共讨论空间，引导舆论朝着理性的方向发展。因此，自媒体在谣言传播过程中发挥媒体强化作用，传统媒体是政府辟谣的有力工具。

5.2 重大工程环境损害利益冲突的
社会燃烧理论（SB）模型

5.2.1 社会燃烧理论（SB）模型原理

社会燃烧理论是现代社会物理学派在研究社会发展问题中具有创造性和实践性的理论研究成果。社会燃烧理论是由牛文元院士提出的，起源于自然界的燃烧理论。牛文元院士指出社会界与自然界有异曲同工之妙，自然界中的燃烧需要燃烧物质、助燃剂和点火温度这三个必不可少的条件，社会界的不稳定同样需要这三个条件。但与自然界燃烧理论不同的是：第一，人与自然、人与人之间的矛盾是导致社会不稳定的燃烧物质，社会燃烧物质在社会和谐指数中发挥着基础性的作用；第二，公众心理放大、媒体的舆论导向、非法利益的驱使等是导致社会不稳定的助燃剂，助燃剂的出现使不断积累的社会燃烧物质的燃烧强度和速度得到增强；第三，突发事件的产生是导致社会不稳定的点火温度，点火温度使燃烧物质和助燃剂的合力迅速被突破。牛文元院士在以上三个条件的基础上，研制出了一套"社会稳定预警系统"。

社会燃烧理论的基本原理很好地诠释了社会稳定风险的生成过程，即当人与自然、人与人之间不存在矛盾时，社会系统处于稳定状态；但是当出现燃烧物质时，这种稳定状态就会被破坏，并开始施加给稳定的社会系统以"负贡献"。随着"负贡献"的不断累积，其在量与质方面都会产生变化。当达到一定程度时，若再遇到媒体舆论导向等负面因素的鼓动（造成社会不稳定的助燃剂），就会促使个体聚结为群体。这个时候，如果再在"导火索"（造成社会不稳定的点火温度）的触发下，社会就会出现"社会失衡（不稳）、社会失序（动乱）或社会失控（暴乱），直至社会崩溃"的局面。

5.2.2　重大工程环境损害利益冲突的社会燃烧描述

（1）重大工程环境损害的利益冲突的正效应与负效应

适度的重大工程环境损害的利益冲突能够提高项目参与各方的满意度，但当冲突水平超过某一值后，满意度迅速下降。重大工程环境损害的利益冲突可以促进项目参与各方的沟通，从不同的角度提出更好的环境保护方案以满足各方利益诉求。

但不可否认的是，冲突在一定程度上破坏了项目成功所需的合作环境与良好的沟通，过多的冲突会使得各方关系更为恶劣，各方不能专注于所需要完成的工作，形成怀疑和不信任的氛围，与项目成功要求的合作相悖，对于项目绩效存在一定的消极影响。此外，部分重大工程所产生的移民问题是影响利益冲突的主要因素，移民利益的补偿、心理的平衡都决定着群体和个体的理性行为。并且，重大工程所造成的环境问题会影响当地居民的身体健康，导致部分人失业，影响家庭收入。当环境补偿机制不到位时，极易造成社会心理脆弱化，民众焦虑情绪增加，从众心理增强，进而重大工程环境损害的利益冲突容易诱发环境群体性事件，加剧社会稳定风险，形成重大工程环境损害的利益冲突所产生的负效应。

（2）重大工程环境损害的利益冲突效应与社会燃烧理论的类比

重大工程环境损害的利益冲突的演化过程中，不可避免地会产生社会矛盾，即社会稳定的"燃烧物质"，而通过冲突管理及时化解矛盾可以有效减少社会矛盾，其总量随着重大工程环境损害的利益冲突的正负效应的强弱而变动。重大工程环境损害的利益冲突的正效应可以视为正向的力，与之对应，重大工程环境损害的利益冲突的负效应可以视为负向的力，两个力为一对平衡力，进而可以得到社会燃烧物质运行的加速度。当重大工程环境损害的利益冲突产生的效应为正时，即合力与正向力方向一致，社会将会加速向正向稳定发展，此时，社会风险水平降低；当重大工程环境损害的利益冲突产生的效应为负时，即合力与负向力方向一致，社会风险水平上升，社会状态将会趋向于失稳方向。当社会状态趋向于失稳时，在突发性事件的"点燃"下，社会动乱和失稳将会出现。

（3）燃烧物质

1）政府方面

重大工程项目大都属于政府主导的公共项目，政府处于主动地位，致使社会不稳定的诱因多数来自于政府方面。首先，地方政府若奉行GDP至上的政绩观，为了提高自己在执政时期的政绩，往往无视环保责任而上马高污染的工程项目。而且项目相关企业中有不少都与地方政府有利益勾连，官商勾结强烈地引发了公众的不满；其次，公众不相信政府有关项目上马后无环境污染风险的说辞；再次，环境影响评价是有效预防重大工程项目建设环境损害引发的利益冲突演化为社会稳定风险的有力法宝，但是当前一些地方政府不重视环评，往往还未进行环评就准备开建，而且有关部门公布的环评信息过于专业化，公开程度低，甚至出现造假问题，使得环评仅仅流于形式，失去了本身的意义；最后，环评中的公众参与缺失问题是环境损害引发的利益冲突演化为社会稳定风险的根本原因。不少地方政府在做决策时经常暗箱操作，事前不征询公众意见，忽略公众对项目上马的风险认知，导致民怨的爆发。我国的公众参与制度保障方面还存在问题，虽然《环境影响评价法》和《环境影响评价公众参与暂行办法》对公众参与做了相关规定，但在公众参与范围、时间、形式等方面仍存在不足，使得公众参与效果较差。除此之外，我国公众利益表达渠道（诸如信访、书记信箱等）经常失灵，也迫使公众由正常渠道转向非法渠道表达利益诉求。

2）公众方面

虽然在重大工程项目建设方面，公众处于被动地位，但是环境损害问题关系着公众的切身利益，所有的社会不稳定大都由公众不满而进行维权开始，因此，公众方面的利益冲突不可小觑。首先，当前公众的受教育程度普遍提高，在民主思想的洗礼下，更加重视对自身利益的维护。当公众意识到由于重大工程项目建设将使生存环境遭到破坏时，对自身的保护意识会使其产生强烈的抵制心理，其次，公众对相关知识的缺乏造成公众对环境风险的高估。Paul Slovic 在知识的"缺失模型"中指出，公众普遍凭借主观感受和个人经验判断风险大小，相较于具有专业知识背景的专家从理性角度评估风险大小来说，可信度不高。除了知识缺乏外，Bennett P 等人认为公众的偏见等也会影响公众的风险感知差异；最后，公众以个人利益为导向的心理，使得其缺乏顾全大局的心态，只顾眼前利益而不顾长远利益，只顾自身利益而不顾国家利益，从而抵制项目的建设。

（4）助燃剂

助燃剂是推动社会稳定风险生成的助推力，本书识别的助燃剂有四个，分别为媒体舆论导向、造谣者混迹其中、公众社会心理放大和政府应对方式不当。

1）媒体舆论导向

当前我国进入了全媒体时代，传统的报纸、电视和以互联网为载体的新兴的微博、微信、论坛等各类自媒体，实现了对受众的全面覆盖。自媒体的出现增加了政府进行危机管理的难度，当危机来临，自媒体作为危机爆发期的信息源和蔓延期的扩散体，比传统媒体传播危机信息更快更广。媒体的舆论导向不可忽视，当前媒体为了博取公众的眼球，获得更多的点击率，在信息传播过程中普遍夸大或扭曲事实，激起受害公众更加强烈的利益诉求，甚至导致一些不相干公众的盲目跟风抵制，使冲突不断恶化。

2）造谣者混迹其中

当受害公众抵制重大工程项目的建设时，一些造谣者可能也会乘虚而入，或在网络上散播谣言，或用言语激化受害公众，故意夸大后果的严重性，恶意制造无端事件，采用各种手法鼓动公众，以达到自身的某种目的，结果造成公众心理上的恐慌甚至失去理性，做出破坏行为，导致冲突的进一步演化升级。

3）公众社会心理放大

当公众的利益诉求得不到政府及时、合理的回应时，在"闹大才能维权"、"不闹不解决，小闹小解决，大闹大解决"和"法不责众"等心理的驱使下，公众认为采取集体上访、聚众闹事的方式才可以得到政府的回应，才能较快解决问题，于是采取非法途径进行上诉，极大地危害了社会的稳定。

4）政府应对不当

目前存在政府对于公众的环境利益诉求应对方式不当的问题。如在事件萌芽期，采取不管不问的方式；在事件发酵期，采取"堵民"而非"疏民"的搪塞方式；在事件高潮期，采用简单粗暴的打压方式。这些不当的应对方式和行为都使得政府和公众之间利益冲突不断加深，加剧了社会的不稳定。

（5）燃点及点火物质

燃点是重大工程项目环境损害的利益冲突从量变形成质变的临界点，利益冲突发展到一定程度就会打破社会稳定平衡点，从而演化为社会动乱或失稳。点火物质则是一系列环境群体突发事件，这些群体突发事件具有参与人数众多、危害大和易复制性等特点，是导致社会不稳定的导火索，如果在这一环节不及时采取有效措施进行妥善处理，就很有可能引致重大工程项目环境损害型社会稳定风险的全面爆发。

5.2.3　模型构建

本书认为，重大工程环境损害社会风险燃烧过程中，在社会"助燃剂"催化下社会风险演变不断积聚社会失稳能量，当社会风险激发的失稳能量达到改变社会稳定方向的临界值时，社会突发事件——社会点燃物质便可以点燃社会系统，引发社会失稳。

牛顿第一定律：一切物体在没有受到力的作用时，总保持匀速直接运动状态或静止状态。

$$\sum_i F_i = 0 \Rightarrow \frac{dv}{dt} = 0 \qquad (5-3)$$

其中，F_i 是第 i 个外力，v 是速度，t 是时间，$\frac{dv}{dt} = 0$ 表明其加速度为 0。

牛顿第一定律说明了两个问题：（1）静止的物体会保持静止，直到有合外力施加于这个物体为止，即力能改变物体运动状态；（2）物体在没有受到外力或外合力为 0 的情况下，其速度的大小与方向都不会改变，直到施加于物体的外合力不为 0。

社会稳定可以被认为是社会系统各因素力处于平衡，合力为 0，社会稳定运动加速度为 0，但当且仅当外力不为 0 时，社会系统稳定运动状态会发生改变，即重大工程环境损害引发的社会风险累积到一定程度改变了社会系统合力，改变社会系统稳定运动状态。

假设重大工程环境损害区域的社会稳定总物质量为 M，社会稳定和谐发展的运动初始速度为 V_0，且 $V_0 \in (V_1, V_2)$。社会系统与一般系统不同，社会系统是一个动态稳定的系统，$V_0 \in (V_1, V_2)$ 时，社会发展处于动态稳定和谐状态，但当 $V_0 \leq V_1$ 或 $V_0 \geq V_2$ 时，社会系统稳定便处于脆弱状态，一旦出现社会冲突便会引发社会系统失稳。为此，可以获得重大工程承受外部冲击力为 $F = \dfrac{M * \Delta V}{\Delta t}$，且在 F 方向与社会稳定运动方向一致时，最大外部承受力为 $F = \dfrac{M * (V_2 - V_0)}{\Delta t}$；当 F 方向与社会

稳定运动方向相反时，最大外部承受力为 $F = \dfrac{M * (V_0 - V_1)}{\Delta t}$，定义该

点为重大工程环境损害的"点火温度"。

　　再次假设重大工程环境损害引发的社会风险因素总物质质量为 m，初始运动速度为 V_m，社会放大站对重大工程环境损害利益冲突的弱化作用定义为"风险弱化力"（f_1），f_1 能够化解和应对重大工程环境损害的社会风险对社会系统稳定性的冲击；将社会放大站对重大工程环境损害利益冲突的强化作用定义为"风险强化力"（f_2），f_2 能加速重大工程环境损害的社会风险聚集和扩散而冲击社会系统稳定。则重大工程环境损害社会风险的"助燃剂"或"灭火剂"模型为：

$$\alpha = (f_1 - f_2)/m = \frac{f_1(x_1, x_2, \cdots, x_{n_1}) - f_2(y_1, y_2, \cdots, y_{n_2})}{m(m_1, m_2, \cdots, m_{n_3})} \quad (5-4)$$

　　其中，$f_1(x_1, x_2, \cdots, x_{n_1})$ 表示社会系统中促进重大工程环境损害利益冲突解决的积极影响因素，即这些因素推动了重大工程环境损害利益冲突的化解；$f_2(y_1, y_2, \cdots, y_{n_2})$ 表示社会系统中加剧重大工程环境损害利益冲突的消极影响因素；$m(m_1, m_2, \cdots, m_{n_3})$ 表示重大工程环境损害引发的社会风险因素（燃烧物质），主要包括政府和公众两大方面。

　　假设重大工程环境损害的社会风险运动初始速度为 V_m，方向与 V_0 相反，定义 t 时刻重大工程环境损害的社会风险速度为 V_{mt}，则：

　　（1）当 $\dfrac{M * (V_0 - V_1)}{\Delta t} < \dfrac{m * dVmt}{dt} < \dfrac{M * (V_2 - V_0)}{\Delta t}$ 时，重大工程社会系统处于动态稳定状态；

　　（2）当 $\dfrac{m * dVmt}{dt} \leqslant \dfrac{M * (V_0 - V_1)}{\Delta t}$ 或 $\dfrac{m * dVmt}{dt} \geqslant \dfrac{M * (V_2 - V_0)}{\Delta t}$ 时，

重大工程社会系统处于"社会燃烧"值范围内，任何一个突发事件（点火物质）都会引发社会失稳。

5.3 重大工程环境损害利益冲突的
SARF – SIR – SB 模型

5.3.1 模型参数定义

本节在第四章的研究基础上，在经典 SIR 模型引入 SARF 框架中的社会放大站之后，继续引入社会燃烧理论模型，研究在放大站具备助燃剂作用时，重大工程环境损害利益冲突向社会稳定风险的演化过程，建立重大工程环境损害利益冲突的 SARF – SIR – SB 模型。

重大工程环境损害利益冲突的 SARF – SIR – SB 模型描述了在社会风险信息传播扩散过程中，每个社会放大站会发挥"助燃剂"或"灭火剂"的作用，导致部分易感者接触风险信息后选择传播信息变为传播者，最终意识到信息不准确或利益冲突得以解决便不再传播信息而变为免疫者，免疫者又可能受放大站进一步影响重新回到易感状态的动态过程。

社会放大站的"助燃剂"或"灭火剂"作用是本章研究重点关注的对象。外部放大站对系统内部节点状态转变的影响作用由"助燃剂"与"灭火剂"的共同作用决定。根据上文 4.2 节分析，以传统媒体及政府官方媒体平台为代表的"政府型社会放大站"依托较强的政府公信力和治理能力，补偿和削弱重大工程环境损害造成的实际和潜在损失，最终弱化风险。自媒体作为"民众型社会放大站"的代表，具有更强的自主性，容易导致风险信息爆炸式传播，形成难以控制风险扩散的局面，引致集体非理性行为。

因此，社会放大站对重大工程环境损害利益冲突的"风险弱化力"（f_1）可以用"政府型社会放大站"的作用力来衡量；社会放大站对重大工程环境损害利益冲突的"风险强化力"（f_2）以"民众型社会放大站"的作用力表示。

5.3.2 模型设计

在重大工程环境损害利益冲突发生初期，"民众型社会放大站"的"风险强化力"过于突出，导致易感者向传播者转变。传播者向免疫状态转变归功于"政府型社会放大站"的"灭火剂"化解社会风险与社会矛盾的作用。"民众型社会放大站"的"助燃剂"作用过强也会使系统内部免疫者重新回到易感状态。"政府型社会放大站"的"风险弱化力"与"民众型社会放大站"的"风险强化力"对抗情况决定了重大工程环境损害利益冲突的演化。

（1）"政府型社会放大站"的"风险弱化力"测度

本节从政府公信力和治理能力两大角度进行放大站的"风险弱化力"测度，政府公信力和治理能力的评价得分越高，即政府公信力和治理能力越强，"政府型社会放大站"的"风险弱化力"越强。具体评价指标体系见表 5 – 3。

表 5 – 3　"政府型社会放大站""风险弱化力"（f_1）评价指标体系

放大站	因素层级	因素名称	评价指标
"政府型社会放大站"	政府公信力 α_1	公众满意度 α_{11}	公众参与政府决策的积极性与满意度
		政府信息公开 α_{12}	政府政务信息公开发布机制健全程度
		政府工作作风 α_{13}	政府机关运转与活动开展勤俭节约情况
		政府人员素质 α_{14}	政府行政人员道德水平与法治意识程度
	政府治理能力 β_1	风险预警能力 β_{11}	网络监管的法律法规完善程度
			监管人员的信息处理与预测能力
		反应能力 β_{12}	应对冲突的及时程度
			应对冲突的范围及力度
		控制能力 β_{13}	新闻发布频次及发言人培训程度
			利益冲突事件解决的满意度

（2）"民众型社会放大站"的"风险强化力"测度

本节从自媒体信息传播能力和传播内容两个方面进行"民众型社会放大站"的"风险强化力"测度，自媒体信息传播能力和传播内容的评价得分越高，即自媒体信息传播能力越强，传播内容质量越差，"民众型社会放大站"的"风险强化力"越强。具体评价指标体系见表 5 – 4。

表 5 – 4　"民众型社会放大站""风险强化力"（f_2）评价指标体系

放大站	因素层级	因素名称	评价指标
民众型社会放大站	传播能力 α_2	反应速度 α_{21}	利益冲突新闻挖掘及时性
		传播渠道 α_{22}	自媒体网络覆盖范围
		信息获取 α_{23}	全面获取信息的能力
	传播内容 β_2	信息内容 β_{21}	报道信息扭曲性与不专业性程度
		从业人员 β_{22}	自媒体从业人员对冲突事件的认知偏差程度

（3）风险信息扩散与冲突升级扩大机制

根据 4.2 节的研究结果，冲突信息扩散主要发生在易感者向传播者转变的阶段，此时"政府型社会放大站"的"风险弱化力"主要由政府公信力发挥内在作用，$f_1 = f_1(\alpha_{11}, \alpha_{12}, \alpha_{13}, \alpha_{14})$；"民众型社会放大站"的"风险强化力"主要由自媒体的风险信息传播能力决定，$f_2 = f_2(\alpha_{21}, \alpha_{22}, \alpha_{23})$；转变概率 $\alpha = f_2 - f_1 > 0$，政府公信力不敌自媒体信息传播能力，整体社会放大站呈现"民众主导型"。

β 是传播者向免疫者转变的概率，此阶段"政府型社会放大站"的政府治理能力主要发挥"风险弱化力"作用，$f_1 = f_1(\beta_{11}, \beta_{12}, \beta_{13})$；"民众型社会放大站"的风险信息传播内容主要决定其"风险强化力"，$f_2 = f_2(\beta_{21}, \beta_{22})$；从整体上看政府治理能力更胜一筹，放大站为"政府主导型"，$\beta = f_2 - f_1 > 0$。

当利益冲突事件进一步升级，即新一轮风险信息产生或者上一阶段政府治理存在遗留问题，免疫者会再度变为易感者，重大工程环境损害利益冲突会呈现扩大升级的趋势。此时的"政府型社会放大站"发挥政府公信力与政府治理能力的综合作用进行"风险弱化"，$f_1 = (\alpha_1, \beta_1)$；同样，"民众型社会放大站"风险信息传播能力和传播内容共同决定其"风险强化力"，$f_2 = (\alpha_2, \beta_2)$；转变概率 $\gamma = f_2 - f_1 > 0$，整体上呈现"民众主导型社会放大站"。

5.4 重大工程环境损害的社会稳定风险演化分析

5.4.1 社会风险信息多重放大下的社会冲突信息传导能力

在 SARF – SIR – SB 模型中的每一个环节，社会放大站都在发挥其社会信息放大作用，社会冲突信息处处被传导。本节所分析的社会冲突信息传导能力不考虑新一轮风险信息的产生，仅仅分析在风险信息总量不变的情况下，"政府型社会放大站"的"风险弱化力"与"民众型社会放大站"的"风险强化力"对于社会冲突信息传导能力的影响作用。

本节继续沿用第四章的基本假设，假设初始时刻系统内各节点密度依次为 $S_0 = 0.95$、$I_0 = 0.05$、$R_0 = 0.00$；变换概率 $P_{si} = 0.6$，$P_{ir} = 0.2$，$P_{rs} = 0.1$。γ 值作用阶段，新一轮风险信息产生，且"政府型社会放大站"发挥政府公信力与政府治理能力的综合作用，"民众型社会放大站"风险信息传播能力和传播内容共同影响，"风险强化力"与"风险弱化力"均有所加强。所以本节研究在 γ 值不变的情况下，依次研究 α、β 值中 f_1、f_2 的变化对社会冲突信息传导的影响。按照 5.3.2 中对于风险信息扩散与冲突升级扩大机制的模型设定，将 f_1、f_2 较为势均力敌的情况（α: $f_1 = 0.2$、$f_2 = 0.4$，β: $f_1 = 0.4$、$f_2 = 0.2$，γ: $f_1 = 0.3$、$f_2 = 0.5$）设置为对照组，并针对"风险弱化力"和"风险强化力"变化的不同情况设置相应实验组。

（1）"风险弱化力"对社会冲突信息传导能力的作用

在SARF – SIR – SB模型中，易感者向传播者转变阶段主要是"政府型社会放大站"中政府公信力发挥着"风险弱化力"的作用，而传播者向免疫者转变的阶段主要是"政府型社会放大站"中政府治理能力发挥着"风险弱化力"的作用。而且，政府公信力与政府治理能力的趋势变化往往具有很强的一致性，政府公信力的提升有助于政府治理能力的进一步加强，政府治理能力的提高一定程度上导致政府公信力提升。因此，在其他保持不变的情况下，仅仅变动 α、β 值中的 f_1，设置表5 –5中四个对照实验组，仿真结果见图5 –2。

表5 –5　实验组设置

	α		β		γ	
	f_1	f_2	f_1	f_2	f_1	f_2
对照组	0.2	0.4	0.4	0.2	0.3	0.5
实验组 A	0.3	0.4	0.5	0.2	0.3	0.5
实验组 B	0.1	0.4	0.3	0.2	0.3	0.5
实验组 C	0	0.4	0	0.2	0.3	0.5

从"风险弱化力"影响社会冲突信息传导的速度上来看，"风险弱化力"的加强会显著放缓社会冲突信息传导速度，而"风险弱化力"下降会提高社会冲突信息传导速度，在极端情况下，即"风险弱化力"为0时，社会冲突信息传导速度得到巨幅提升。实验组 A 中，政府公信力和政府治理能力得到提升，易感者、传播者、免疫者的变化曲线明显趋于平缓；实验组 B 中，政府公信力和政府治理能力有所降低，易感者和传播者的变化曲线明显变得陡峭，免疫者变化曲线有轻微变化；而在实验组 C 中，α、β 值中的政府公信力和政府治理能力均为0，易感

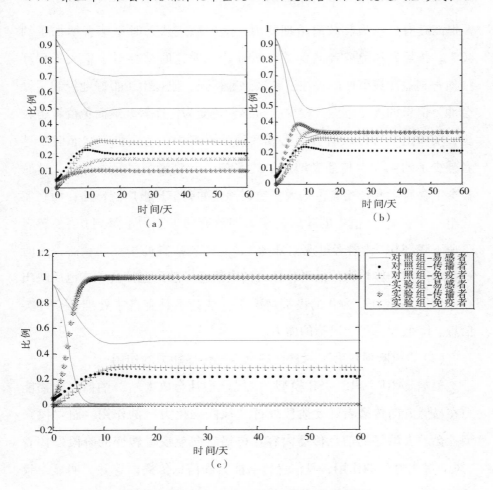

图 5 - 2 f₁变化对社会冲突信息传导能力的影响

者和传播者的变化曲线到达最小值和最大值的时间较对照组缩短近一半，免疫者的变化曲线成为一条水平线。

从"风险弱化力"影响社会冲突信息传导的范围上来看，"风险弱化力"的加强会显著缩小社会冲突信息传导的范围，减小影响力，而"风险弱化力"下降会扩大社会冲突信息传导范围和影响力，在"风险弱化力"为0的极端情况下，社会冲突信息传导范围达到最大。实验组

A 提高政府公信力和政府治理能力，达到稳定状态时易感者增加了约 40%，传播者和免疫者减少了约 50%，说明这时社会对于重大工程环境损害利益冲突事件的关注度和敏感度很强，但是由于很好地控制了社会冲突信息的传导范围，较少的易感者转变为传播者，继而免疫者也较少；实验组 B 降低政府公信力和政府治理能力，达到稳定状态时易感者减少了约 40%，传播者增加了约 50%，免疫者数量轻微降低，这时社会上易感者和传播者占据大多数，社会冲突信息被广泛传播；而在实验组 C 中，α、β 值中的政府公信力和政府治理能力下降到 0，易感者迅速下降到 0，传播者迅速上升为 1，免疫者一直处于 0 的状态，这时社会中所有个体均为传播者，社会冲突信息扩散到全社会，这也反映出在"风险弱化力"为 0 的极端情况下，社会不具有自主处理社会冲突信息、降低社会稳定风险的能力。

（2）"风险强化力"对社会冲突信息传导能力的作用

根据 SARF – SIR – SB 模型，"民众型社会放大站"的信息传播能力在易感者向传播者转变阶段发挥"风险强化力"的作用，而"民众型社会放大站"的信息传播内容在传播者向免疫者转变的阶段发挥着"风险强化力"的作用，且信息传播能力和信息传播内容并无明显一致性。因此，在其他保持不变的情况下，仅仅变动 α、β 值中的 f_2，设置表 5 –6 中四个对照实验组，仿真结果见图 5 – 3。

表 5 –6 实验组设置

	α		β		γ	
	f_1	f_2	f_1	f_2	f_1	f_2
对照组	0.2	0.4	0.4	0.2	0.3	0.5
实验组 A	0.2	0.5	0.4	0.3	0.3	0.5

续表

	α		β		γ	
	f_1	f_2	f_1	f_2	f_1	f_2
实验组 B	0.2	0.5	0.4	0.1	0.3	0.5
实验组 C	0.2	0.3	0.4	0.3	0.3	0.5
实验组 D	0.2	0.3	0.4	0.1	0.3	0.5

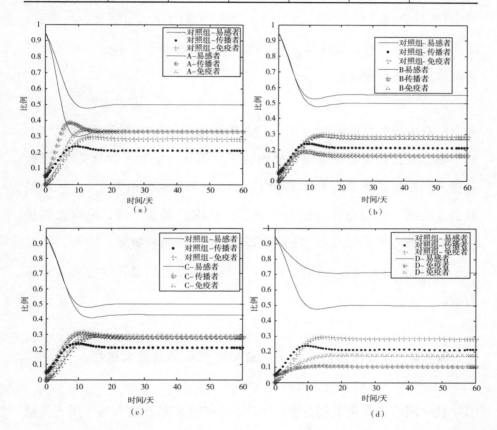

图 5 – 3　f_2 变化对社会冲突信息传导能力的影响

由上图可见，当"民众型社会放大站"的信息传播能力和传播内容同向变化时，社会冲突信息传导速度明显变化。实验组 A 中"民众型社会放大站"的信息传播能力变强，传播内容质量变差，易感者和传播者变化曲线的斜率有显著变化，易感者快速减少而传播者快速增加。实验组 D 中"民众型社会放大站"的信息传播能力变弱，传播内容质量提高，易感者和传播者变化曲线的斜率同样有显著变化，易感者、传播者和免疫者变化速度明显降低。而在实验组 B 与实验组 C 中，"民众型社会放大站"的信息传播能力和传播内容反向变化，易感者、传播者和免疫者的变化曲线在变化的前半段基本重合，基本不改变社会冲突信息的传导速度。

此外，相较于传播能力，"民众型社会放大站"传播内容对于社会冲突信息传导能力的影响力更大。在实验组 B 中，"民众型社会放大站"的信息传播能力变强但传播内容质量提升，免疫者数量基本不变，易感者向传播者转变的人数却有所减少。并且在实验组 C 中，"民众型社会放大站"的信息传播能力变弱但传播内容质量下降，免疫者数量也基本保持不变，却有更多的易感者转变为传播者数量。因此，控制"民众型社会放大站"传播内容对于抑制社会冲突信息传导能力会更加有效。

5.4.2　社会网络媒介化下利益冲突风险多重放大过程

社会网络媒介化下利益冲突风险放大的实质是在放大站作用下传播者数量的增加，一方面扩大了冲突风险传播范围，另一方面在传播中加大了信息失真程度和谣言产生概率。在融入了社会放大站的作用下，SARF – SIR – SB 模型中大致经历三个阶段的利益冲突风险放大过程。本节将新一轮风险信息的产生纳入考虑范围，分析在风险信息总量变化的情况下，"政府型社会放大站"的"风险弱化力"与"民众型社会放大站"的"风险强化力"对于利益冲突风险多重放大的影响作用。

本节继续沿用第四章的基本假设，假设初始时刻系统内各节点密度依次为 $S_0 = 0.95$、$I_0 = 0.05$、$R_0 = 0.00$；变换概率 $P_{si} = 0.6$，$P_{ir} = 0.2$，$P_{rs} = 0.1$。γ 值作用阶段，受到新一轮风险信息产生的冲击，"政府型社会放大站"与"民众型社会放大站"的"风险强化力"与"风险弱化力"作用相较前两阶段会有更加显著的变化。本节研究 α、β、γ 值中 f_1、f_2 的不同变化对利益冲突风险多重放大的影响。与 5.4.1 节相同，本节按照 5.3.2 中对于风险信息扩散与冲突升级扩大机制的模型设定，将 f_1、f_2 较为势均力敌的情况（α：$f_1 = 0.2$、$f_2 = 0.4$，β：$f_1 = 0.4$、$f_2 = 0.2$，γ：$f_1 = 0.3$、$f_2 = 0.5$）设置为对照组，并针对"风险弱化力"和"风险强化力"变化的不同情况设置相应实验组。

（1）"风险弱化力"对利益冲突风险多重放大的作用

在 SARF – SIR – SB 模型框架下，根据政府公信力与政府治理能力变化趋势的一致性，变动 α、β、γ 值中的 f_1，其他值保持不变，设置表 5 – 7 中四个对照实验组，观察传播者的变化情况，仿真结果见图 5 – 4。

表 5 – 7　实验组设置

	α		β		γ	
	f_1	f_2	f_1	f_2	f_1	f_2
对照组	0.2	0.4	0.4	0.2	0.3	0.5
实验组 A	0.3	0.4	0.5	0.2	0.45	0.5
实验组 B	0.1	0.4	0.3	0.2	0.1	0.5
实验组 C	0.2	0.4	0.4	0.2	0.45	0.5
实验组 D	0.2	0.4	0.4	0.2	0.1	0.5

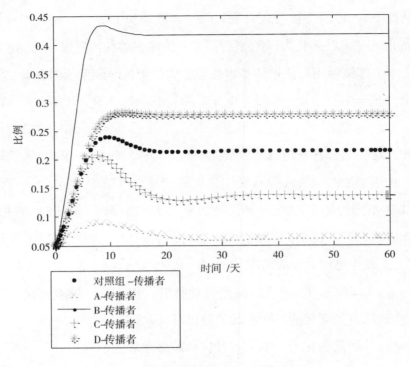

图 5 – 4　传播者比例变化图

　　总体而言，"风险弱化力"的增强对于利益冲突风险多重放大过程的影响更为显著，提高"政府型社会放大站"的"风险弱化力"能够更容易管控利益冲突风险多重放大的过程。

　　从利益冲突风险放大的速度上来看，"政府型社会放大站"的"风险弱化力"增强会显著放缓风险放大速度，而"风险弱化力"下降会提高风险放大速度，且"风险弱化力"增强时对风险放大速度的影响要显著高于"风险弱化力"下降时对风险放大速度的影响。图 5 – 4 中，前十天内试验 A 组相较于对照组的传播者曲线斜率变化明显高于试验 B 组相较于对照组的传播者曲线斜率变化，试验 C 组与实验 D 组仅仅改变了免疫者向易感者转变时的 f_1 值，试验表明在风险刚发生时风险放大速度不变，但是到了后期"风险弱化力"增强使得传播者加速减少，而"风险弱化力"减弱使得传播者减速增加。

从利益冲突风险放大的程度和范围上看，"风险弱化力"全阶段的增强会使得传播者小幅增加后又减少，最后回到风险未爆发时的水平，说明"政府型社会放大站"的能力只要以中等水平提升，就能达到绝佳的利益冲突风险放大的管控效果。当"风险弱化力"全阶段下降时，传播者不断增加，最后稳定在对照组的两倍左右。仅仅提高 γ 中的 f_1 值时，十到二十天内传播者数量显著下降；降低 γ 中的 f_1 值时，传播者数量在第十天达到高峰并保持稳定。受到新一轮风险信息冲击后"风险弱化力"的变化对于最终利益冲突风险多重放大的稳定状态的影响依然十分显著。

（2）"风险强化力"对利益冲突风险多重放大的作用

根据 5.4.1 节的研究，"民众型社会放大站"传播内容对于重大工程环境损害的利益冲突影响更为突出。因此，本节保持 α 值中的 f_1 不变，变动 β、γ 值中的 f_2，设置表 5 - 8 中四个对照实验组，观察传播者的变化情况，仿真结果见图 5 - 5。

表 5 - 8　实验组设置

	α		β		γ	
	f_1	f_2	f_1	f_2	f_1	f_2
对照组	0.2	0.4	0.4	0.2	0.3	0.5
实验组 A	0.2	0.4	0.4	0.3	0.3	0.75
实验组 B	0.2	0.4	0.4	0.3	0.3	0.25
实验组 C	0.2	0.4	0.4	0.1	0.3	0.75
实验组 D	0.2	0.4	0.4	0.1	0.3	0.25

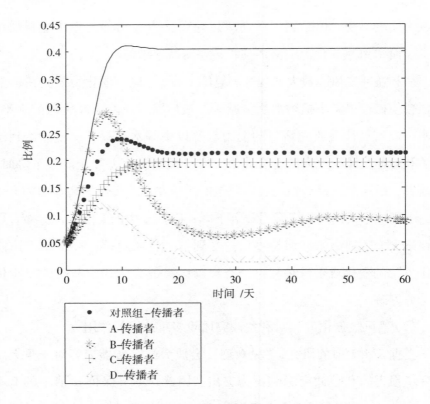

图5-5　传播者比例变化图

综合对比仿真结果，发现"民众型社会放大站"的"风险强化力"对于利益冲突风险多重放大过程的影响更为显著，说明对于"民众型社会放大站"的管控同样能取得较好的成果。

前期的利益冲突风险放大速度取决于 β 值中的 f_2 水平，当其不变时，前期传播者曲线基本重合。β 值中的 f_2 增加时的斜率变化并不如减少时的斜率变化明显。大体上看，"风险强化力"的增加会扩大传播者群体，"风险强化力"的减少会降低传播者数量，并且在免疫者向传播者转变阶段，即有新的风险信息产生时，"风险强化力"的变化对于最终稳定的利益冲突风险多重放大状态影响更为剧烈。试验 A 组与试验 B

组比较，β 值中的 f_2 共同增加至 0.3，但是试验 B 组中 γ 值中的 f_2 降低，传播者最终数量减少至试验 A 组的 20%。试验 C 组与试验 D 组比较，β 值中的 f_2 共同降低至 0.1，但是试验 C 组中 γ 值中的 f_2 提高，传播者最终数量是试验 D 组的 4 倍。所以，当新的风险信息产生时，对于"民众型社会放大站"的管控更为重要。

第六章　社会网络媒介化中重大工程环境损害社会稳定风险预警模型研究

6.1　社会网络媒介化中重大工程环境损害的社会稳定风险因素识别

6.1.1　重大工程环境损害的社会稳定风险的相关理论与因素识别方法

重大工程环境损害的社会稳定风险分析和预警可以从源头上预防、减少和消除各种不稳定因素，有利于构建社会主义和谐社会。风险因素识别是风险分析和预警的前提，只有将社会网络媒介化下的重大工程环境损害的社会稳定风险因素揭示出来，才能评估重大工程社会稳定风险损失程度和发生的可能性，从而开展风险预警模型研究。通过运用"社会燃烧理论"和"社会冲突理论"，在自媒体等媒介作用下来识别重大工程环境损害工程中可能面临的风险因素和风险事件，研究重大工程环境损害的社会稳定风险构成，识别、研究风险源的关系，是开展社会稳定风险预警的必要前提。

（1）社会稳定风险因素相关理论

1）社会冲突理论。冲突产生于社会报酬的分配不均以及人们对这种分配不均表现出的失望。社会冲突理论认为，社会冲突的根源在于利益冲突，利益冲突反映到心理上就是心理冲突，反映到行动上就形成了社会冲突。利益冲突往往对社会冲突事件的发展起主导作用。重大工程环境损害引发社会稳定风险事件就是社会冲突的具体表现。重大工程建设过程中涉及项目业主、地方政府、基层政府、施工单位、被征地农民等多方利益群体。重大工程建设过程中的大量征地、拆迁及长时间的施工必然引起被征地农民与地方政府、拆迁居民与安置区居民、施工与当地环境等各种冲突。因此，根据社会冲突理论，当重大工程项目使人们的切身利益遭到损害时，很容易对项目产生各种"人为"的风险因素。

2）社会燃烧理论。自然界中的燃烧现象必须具备3个基本条件：燃烧材料、助燃剂和点火温度，三者缺一不可。中国科学院牛文元教授将社会的无序、失稳及动乱，与燃烧现象进行了合理的类比，提出了"社会燃烧理论"。当前，一些媒体的舆论误导、对事实的夸大、无中生有的挑动、谣言的传播、小道消息的流行、对敌对势力的恶意攻击、非理性的推断、片面利益的刻意追逐、社会心理的随意放大等，相当于引发社会不稳定的"助燃剂"；具有一定规模和影响的突发性事件，可以作为引发社会不稳定的导火线或称"点火温度"；重大工程建设过程中潜在的管理、环境破坏等主客体因素都是"燃烧物质"。在具备燃烧物质的前提下，当各种利益群体合理诉求的表达、反馈渠道不畅，长期得不到地方政府的有效回应时，就会使矛盾从无到有、从小到大，加上社会舆论的引导和网络的传播可能引发社会的不满情绪大范围地感染和传播，成为"助燃剂"。所以，当出现某一诱因事件，也就具备了"点火温度"，导致社会稳定风险事件的发生。

（2）社会稳定风险因素识别的方法

指标的选择必须遵循相关理论的指导，并结合转型期中国社会稳定风险的现状和特征。具体来说，本书主要通过两种方式筛选指标：

1）理论预选。建立社会稳定风险预警指标体系的过程实际上是一个由理论到模型再到具体指标的过程。本书通过对风险社会理论、社会冲突理论的分析，以及对转型期社会稳定风险源的分析，抽象出特定的理论模型，得出对转型期社会稳定风险的特有解释，在此基础上，就可根据特定的理论模型逐步逐层寻找指标。一方面，理论模型所表达的高度抽象的逻辑结构逐级降解为具体的指标，成为一些可捕捉的、可计算的、可操作的东西；另一方面，所遴选的具体指标体系使抽象的理论模型成为一种丰满的、可量化的东西。理论预选的过程实质就是由具体到抽象，又由抽象到具体的思想过程。本书在大量查阅国内外相关文献资料的基础上，具体分析各指标的优缺点并进行取舍，并在小组范围内讨论修改，初步确定风险因素识别，拟定了预警指标。

2）专家咨询。专家咨询法又称德尔菲（Delphi）法，是美国兰德公司首先提出和使用的一种用于直观评估和预测的方法，目前已成为全球近2000种评估和预测法中使用比例最高的一种。德尔菲法的本质是利用专家的知识、经验和智慧等等无法数量化的、带有很大模糊性的信息，通过通信的方式进行信息交换，逐步取得较一致的意见，从而达到评估或预测的目的。本书开展专家咨询的具体步骤是：

①半结构访谈。通过半结构访谈，收集定性的意见和资料，目的是为专家咨询问卷的形成提供必要的补充，并对初步拟定的指标体系进行修改。

②制定调查问卷。通过查阅文献和半结构访谈，形成第一轮专家咨询问卷。

③专家的选择。选择好专家是专家咨询至关重要的一步，因为以后的各项工作都是针对专家的意见而展开的。在本书中，选择专家是一项比较困难的工作，因为社会稳定风险存在于社会运行的各个系统中，既有政治风险，也有经济风险，还有文化风险、狭义的社会稳定风险等；而对社会稳定风险的研究也是各学科研究的热点，不同的学者对社会稳定风险的理解在不同研究的视角、关注的重点、应用的理论和方法等方面都有所差别。一般而言，学者们更倾向于从本学科的范式出发研究本学科领域内注重的风险类型。如政治学专家更倾向于研究政治风险，强调政治风险的重要性；经济学专家则更倾向于研究经济类风险，强调经济风险的重要性。在这种情况下，选择何种学科背景的专家及不同学科背景专家人数的分配会直接影响指标的选择及对重要性的判断。

6.1.2　社会网络媒介化中重大工程环境损害的社会稳定风险构成

社会系统中燃烧物质及助燃剂的减少是维持社会稳定的最有效方式。本书在案例调研的基础上，探讨了社会网络媒介化背景下的重大工程环境损害群体性事件发生的成因及特点，最终得到社会网络媒介化中重大工程环境损害社会稳定风险因素清单，并结合社会燃烧理论对这些风险因素进行较合理归类。

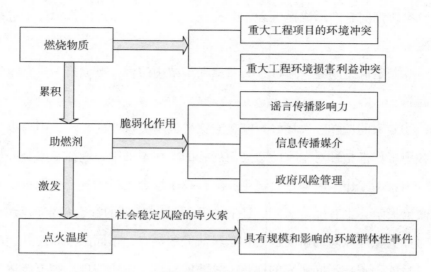

图6-1　重大工程环境损害社会稳定风险爆发的基本原理

（1）重大工程项目的环境冲突是"燃烧物质"

重大工程的建设过程中所出现的多重因素的叠加与各种不同利益主体矛盾的冲突，受网络媒介化效用被聚焦、放大，当这些不稳定因素，在数量和质量上进行了累积与发酵后，就可能引发社会矛盾。重大工程项目环境损害所引发的社会矛盾通过不断地叠加，在互联网上聚集与放大，从而引起群众的关注与讨论，若重大工程项目环境损害所引发的社会矛盾没能得到及时解决，就会产生环境群体性事件。由于我国正处于高速发展的阶段，社会利益格局也在不断调整，利益群体之间的冲突日益增多，与利益相关联的社会群体得不到相应的满足，社会矛盾就不断激化，重大工程环境群体性事件也随着社会矛盾的积累而逐渐增多。

（2）社会稳定风险媒介化传播是"助燃剂"

近年来，新闻媒体和网络的迅速发展使信息传播成为了影响政策制定重要的环境因素之一。更广大范围的人了解微博事件的发展状况的渠道主要是 QQ、微博等线上传播方式，因其所具有的实时性、裂变式直播特点，对线下社会中群体性事件的发展有不可忽视的作用。大数据时代网络资源高度发达，即使是一个普通的用户或是个别媒体对于某个事件的报道也是极其容易引起社会舆论的轩然大波，进而造成大范围的影响，成为社会风险爆发的有力助燃剂。

从环境话题的聚合到群体性事件的出现，都离不开群众的参与，涉及的往往是阶级利益的表达以及社会制度的缺失。重要媒介传播渠道的意见领袖是引领信息传播走向的关键所在，在信息传播过程中，群众不论是置身事件之中还是之外，多数都涉及自身环境利益的诉求与情绪的表达。尽管群众是没有关联的个体，但在关乎自身环境利益和共同的情感诉求方面，群众会表现出集体行为，加上在舆论领袖的指引下，群众的集体行为会愈发团结，从而对事件持有的态度愈发坚定。随着信息的聚集，事件在网络上的讨论愈发激烈，就会产生群众的集体行动。媒介化信息传播强度、传播渠道和舆论发展动力，是发生环境群体性事件必须具备的三个条件。政府相关部门，不能等待谣言自身的消亡，网络谣言传播往往隐含了群众的某种情绪或利益，因此，社会网络媒介化下风险信息传播作为环境群体性事件的助燃剂，政府需要对其进行合理的引导，从而防范环境群体性事件的发生。

（3）环境群体性事件是"点火温度"

社会燃烧物质在互联网上得到聚焦与强化，群众的广泛关注和讨论加速了社会矛盾的激化，并将这些社会矛盾在质和量上累积，使之转化为社会燃烧物质，在助燃剂的作用下，一旦出现了突发性事件，这些社会燃烧物质就会失衡，进而转化为群体性事件。重大工程环境群体性事件发生前期，政府的相关部门没有及时关注群众所反映的问题，致使群众关注的问题在网络上发酵。环境群体性事件爆发后，由于政府前期的工作没有做好，导致政府对环境群体性事件在本质上缺乏相关研究与判别，往往通过采取控制和压迫的方式来解决问题，这就使得环境群体性事件进一步发展，导致更加严重的后果。需要指出的是，重大工程环境群体性事件在当今媒介化信息爆炸的时代，必须通过媒介的发酵才能引起群众的广泛关注，并不是说所有的突发性事件都可以作为重大工程环境损害社会稳定风险危机的点火温度。环境群体性事件并不是每一件突发性事件都能够诱发的，有些突发性事件在发生初期，在还未达到社会点火温度的时候，就已经完成了整个事件的存在周期。在社会燃烧物质和助燃剂的共同作用下，只有达到社会点火温度，才能引发环境群体性事件。

环境群体性事件呈现出链条式的发展、演变过程，且这种链条式反应的加速度逐渐增大，事件的发生是一个逐渐"形成－聚集－爆发"的过程。恰是由于这种可燃物本身的存在，加之多样多种的助燃剂起到的助推力，最终让原本未见于实的社会稳定风险超过其安全阈值达到燃点，引爆社会风险乃至危机的导火索，因而演变成"点火温度"。

6.2 重大工程环境损害的社会稳定风险预警指标体系

6.2.1 重大工程环境损害的社会稳定风险预警指标设计原则

重大工程环境损害的社会稳定风险预警指标体系是由一系列相互关联的、能够表达社会稳定风险现状及其运行过程的大量单项指标所构成的指标集合。作为一种特定的测量工具和手段，这套指标体系必须满足目的性、科学性、联系性、综合性、敏感性、可操作性、可比性以及逻辑结构合理等标准。因此，要建立这套指标体系，除了要有一定理论的指导外，它还必须要求采用一系列科学的方法。科学的方法是建立科学的指标体系的基本条件之一，只有采用科学的方法，才能决定哪些指标能够进入社会稳定风险预警指标体系，以及各指标在整个体系中处于何种地位，即确定指标权重等问题。社会指标内容的确定，绝不是根据主观愿望和需要随意开列一个清单，甚或简单地对外国、外地的社会指标予以生搬硬套，而是要依从一定的理论基础和科学方法保证指标体系的科学性。

设置重大工程环境损害的社会稳定风险预警指标应遵循以下几条基本原则：

（1）目的性

设计社会稳定风险预警指标体系，目的是为了准确、及时、全面、客观地监测社会运行和社会发展的实际状况，为社会稳定风险预警预报提供基础性数据。不仅如此，根据的目的是要依据这些基础性数据，开展社会稳定风险管理，科学制定社会稳定风险治理政策和规划。

（2）科学性

社会稳定风险是一个抽象的概念，社会稳定风险现象是一个复杂的逻辑体系，需要一系列具有科学性的指标才能揭示其性质、特点、关系和运动过程的内在规律。所谓科学性原则，就是要求指标体系的设计不仅要有科学的理论依据，还要有科学的方法，使其在实践上可行而且有实效。因此，社会稳定风险预警指标的选择、标准的确定方面，要依据风险社会理论、社会冲突理论、社会转型理论、社会运行论，并结合社会转型的特点来设计指标体系。要从中国实际情况出发，借鉴国外建立社会预警指标体系的有益经验，吸取国内已有的研究成果，建立一套适合中国国情的、有中国特色的社会稳定风险预警指标体系。

（3）可操作性

可操作性即要求每一指标都有精确的数值表现。不论是可直接通过统计调查获取的客观指标，还是需要通过评分方法求值的主观指标，最终都必须是能用数值来计量的，否则，就失去实践意义。因此，在设计社会稳定风险预警指标体系时，必须保证指标具有较强的实用性，预警指标要紧紧围绕国家和各级政府的战略管理和决策需要，从实际出发，突出重点。另一方面，应充分考虑统计工作和社会调查的现状，设计指标体系时应尽量采用易于获取数据的指标，提高指标体系在实际工作中应用的可操作性，确保指标原始数据可以搜集到。

（4）综合性

综合性要求预警指标具有高度的概括性，能准确反映危及社会秩序的社会稳定风险的产生和发展情况。不同社会、同一社会的不同历史阶段都有其特定的社会稳定风险。就一个国家而言，一定时期可能会出现若干种社会稳定风险，要求预警指标必须具有高度地给定和概括能力，能反映纷繁复杂的社会稳定风险。此外，在指标体系的设计上，不仅要能反映某一阶段的社会稳定风险，更重要的是要有动态性，能反映出其持续发展的状况和规律，静态指标和动态指标综合，才能更为客观和全面。

（5）敏感性

国内外关于社会发展指标体系（现代化、可持续发展、小康社会、和谐社会、节约型社会指标体系等）的研究较多，但对社会稳定风险预警指标体系的研究才刚起步。前者要求在指标的选择上注重全面性和完整性，既包括肯定性指标也包括否定性指标，既包括投入性指标也包括产生性指标。而在设计社会稳定风险预警指标体系时，考虑指标体系相对的系统性和完整性的同时，应尽可能选择具有风险预警预报功能的敏感性的指标。敏感性就是要求指标的灵敏度高，即指标质的细微变化就能直接映射出某个或某类社会稳定风险的发展变化情况。在本书中，指标的选择注重简捷性，防止因面面俱到、过于繁杂，更多地选择了否定性指标和产出性指标，目的即是为了突出风险预警预报的功能。

6.2.2　重大工程环境损害的社会稳定风险的预警指标

重大工程建设过程中伴随着严重的环境污染问题，面对污染与威胁，中国民众奋起抗争，虽没有出现像西方那种大规模、高度组织化的环境运动，但在复杂的社会背景下频频发生以"上访""散步""游行""示威"，甚至"打砸""堵路"的方式进行的集体行动，最终演变发酵成环境群体性事件。由于移动宽带互联网的普及，自媒体迅猛发展，大量环境群体性事件的起点信息来自于微信朋友圈、论坛、微博，这些主流的媒介工具为公民的环境表达提供言说路径，也为重大工程环境损害的社会稳定风险提供了新的传播渠道。

重大工程环境损害的社会稳定风险的预警是指从重大工程环境群体性事件的征兆出现到危机开始造成可感知的损失这段时间内，化解和应对危机所采取的必要、有效行动。重大工程环境群体性事件的随机性使其难以被准确预测，但是社会稳定风险的媒介化传播是一种客观的存在，有其酝酿、发展、爆发、变化、消散的规律。同时，信息技术的快速发展和统计理论的不断完善，为预测重大工程环境群体性事件提供了技术保障。运用大数据技术可以实现对社会网络媒介化中的个体交互信息进行全面采集和监测，也能挖掘出社会网络中环境社会冲突行为演化信息。因此，对重大工程环境损害的社会稳定风险做出比较准确的预警是具有现实的可能性的。结合社会燃烧理论对重大工程环境损害的社会稳定风险因素的分析，对于"燃烧物质""助燃剂""点火温度"这三个大的因素，在媒介化下重大工程环境群体性事件产生、发展、变化的媒介化传播规律及特点的基础上，选择相较之前更细致的指标展开预警研究。

（1）网络搜索量：该指标用百度指数来表示，百度指数用以反映不同关键词在过去一段时间内重大工程环境群体性事件的曝光率及用户关注度，直接、客观地反映社会热点，各界关注的兴趣和需求。

（2）原创微博发布量：指新浪微博用户对某个事件所发布的与重大工程环境群体性事件相关的原创微博。

（3）转发量：指某条微博被其他用户转发的次数，用户转发该条微博即表示赞同该条微博的看法。

（4）评论量：指某条微博被其他用户评论的次数，如果某条微博被评论的次数较多，代表该条微博具有较强的吸引力。

（5）观点倾向度：指用户关于某重大工程环境群体性事件的态度倾向，如赞同、中立、反对。该指标主要通过负面微博占全部微博的比率来表示，该比率越大，表示发生重大工程环境群体性事件的可能性越大。

（6）信息真实性：指某个重大工程环境群体性事件的真实性，通过新浪认证用户的微博数占全部微博的比率来表示，因为认证用户对自己的言论真实性负责，不会轻易散布虚假信息。

（7）内容直观度：通过带有视频和图片的微博占全部微博的比率来表示，因为《2010 年中国互联网舆情分析报告》研究发现，带有群体性事件相关图片、视频等直观内容的媒介信息，传播扩散更为迅速。

（8）网络搜索量变化率：如果 T1 时刻与重大工程环境群体性事件有关的网络搜索量为 Q1，T2 时刻的网络搜索量为 Q2，则网络搜索量变化率为（Q2 - Q1）／（T1 - T2）。

（9）原创微博发布量变化率：如果 T1 时刻与重大工程环境群体性事件有关的原创微博发布量为 Q1，T2 时刻的原创微博发布量为 Q2，则原创微博发布量变化率为（Q2 - Q1）／（T1 - T2）。

（10）转发量变化率：如果 T1 时刻与重大工程环境群体性事件有关的某条微博被转发量为 Q1，T2 时刻的该条微博被转发量为 Q2，则转发量变化率为（Q2 - Q1）／（T1 - T2）。

（11）评论量变化率：如果 T1 时刻与重大工程环境群体性事件有关的某条微博被评论量为 Q1，T2 时刻的该条微博被评论量为 Q2，则评论量变化率为（Q2 – Q1）／（T1 – T2）。

6.2.3　重大工程环境损害的社会稳定风险预警指标体系设计

在构建指标体系的过程中，力求用最少的预警指标，实现最大的预警效益。本书对指标进行筛选，确保所有二级指标都可以量化，以便适合计算机自动化处理，末级指标的数据来源于全球最大中文搜索引擎百度旗下的百度指数和全球最大中文微博新浪微博。本节构建了 3 个一级指标和 11 个二级指标的重大工程环境损害社会稳定风险的预警指标体系，如图 6 – 2 所示。

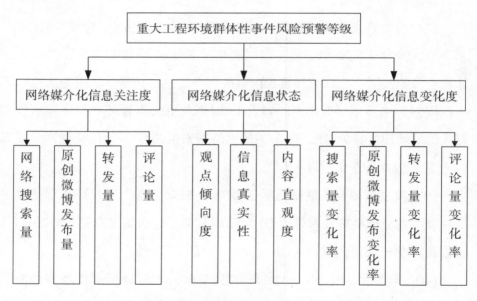

图 6 – 2　重大工程环境损害社会稳定风险的预警指标体系

上述指标体系的框架共分为两个层次，即由二级指标构成。第一级指标对应社会网络媒介化中环境社会冲突群体性事件事态扩散的三个维度，分别为重大工程环境群体性事件的网络媒介化信息关注度、网络媒介化信息状态、网络媒介化信息变化度构成，从冲突事件的征兆出现到事件开始造成可感知的损失的这段时间内，把握信息传播酝酿、发展、爆发、变化、消散的规律。第二级指标是一级指标的内部构造的分解，是具体指标，也称原始指标，是可以定量化表现的变量。

6.3 重大工程环境损害的社会稳定风险预警的自学习型模型

影响重大工程环境损害社会稳定风险预警的因素众多，这些因素之间存在着复杂的非线性关系，传统的预警方法擅长处理线性关系，在处理非线性关系上显得力不从心。深度学习技术有很强大的数据非线性逼近能力和自学习能力，能尽可能多地保留原数据特性，对复杂非线性现象进行很好地模拟预测。与传统系统性风险预警模型相比，深度学习模型在吸纳人工智能相关理论的基础上，其优势在于处理非线性问题的能力较强，以模拟人胞的多层结构为原理的深度学习网络可通过逐层特征抽取，将具体的高维、非线性数据逐渐形成更适合模式分类的抽象特征，预警模型的适用范围得以拓展。

6.3.1 深度学习基本原理及其训练过程分析

（1）深度学习基本原理

深度学习概念源于人工神经网络的研究，通过组合低层特征形成更加抽象的高层表示属性类别或特征，以发现数据的分布式特征表示。典型的深度学习模型都是基于"特征变换－非线性操作－特征选择"的多层迭代模型，特征变换通过设计滤波器或是其他特征提取方法，成功地提取当前阶段的特征信息，同时也升高了数据的维数；非线性操作模拟了人类神经元具有激活与抑制两个状态，将变换后的特征二值化或使用逻辑回归函数处理；特征选择将对分类或其他机器学习任务起作用的特征进行挑选，同时达到降维的作用，使得深度网络模型的规模维持在一定范围内。

深度学习采用了神经网络相似的分层结构，系统是由输入层、隐含层（多层）、输出层组成的多层网络，只有相邻层节点之间有连接，同一层以及跨层节点之间相互无连接，每一层可以看作是一个 logistic regression 模型，明确突出了特征学习的重要性。也就是说，通过逐层特征变换，将样本在原空间的特征表示变换到一个新特征空间，从而使分类或预测更加容易。与人工规则构造特征的方法相比，利用大数据来学习特征，更能够刻画数据的丰富内在信息。如图 6－3 所示。

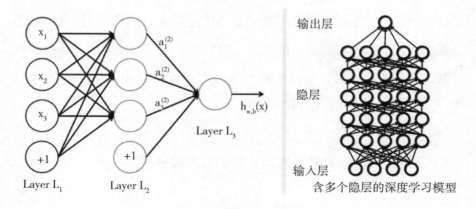

图 6－3　深度学习的网络结构

（2）深度学习的训练过程

深度学习网络的训练是该网络应用的最重要前提，训练效果的好坏决定了具体应用时的效果。深度学习的训练过程可以分为两步。

第一步是无监督的逐层训练：图6-4表示了深度学习最简单的一种算法——Auto Encoder 自动编码器，也是无监督学习应用的训练方法。该方法将输入值编码然后再解码，用解码输出的值与输入值进行比较，用误差来进行系数调整不断迭代，最终使得输出值趋近输入值。因为可以用输出值复现输入值，所以编码后的数据就是输入值的另一种特征表达，通过这个算法可以实现无监督学习，不用人为给定特征来训练网络。在第一层训练完后，将该层的输出值作为下一层的输入值，依次类推进行训练，这样一层一层地训练，中间训练过的每一层都是输入数据的不同特征表现。这样，深度学习网络可以学习到输入值的特征，深层网络隐含层维度逐层降低，就能用更少的特征来表示输入值，最后在网络内部能得到抽象的特征。

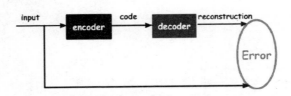

图6-4　AutoEncoder 自动编码器

第二步是有监督的训练，这一步是用有标签的数据进行训练，对系统的系数进行微调，将误差从上往下传输，如图6-5所示。第二步训练与传统神经网络的方法类似，使用有标签的数据进行调整，但是，深度学习网络第一步生成的系数是通过无监督的训练，而不是随机值初始化，因此第一步得到的系统初值更接近于全局最优值，所以可以有效避免陷入局部最小值的问题。通过两步训练，深度学习网络的系统参数是双向的，有从下而上不断认识特征的参数，也有从上而下复现输入数据的参数。相比传统神经网络只有从下而上认识的参数，而且层次很少，深度学习网络是更加准确的。本节使用深度学习网络进行重大工程环境损害的社会稳定风险预警，在训练过程中，首先要确定输入层的变量数，这由指标体系所决定。其次，需要确定隐含层的层数及各层变量数，这也是训练的一个难点。为了取得良好的网络模型，需要不断地训练测试，才能确定适用于重大工程环境损害的社会稳定风险预警的网络参数。具体过程就是不断地修改网络结构、训练次数及步长等参数，得到准确率最高的网络模型，过程如图 6-6。

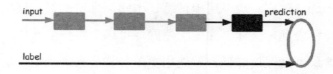

图 6-5　有监督学习的调整过程

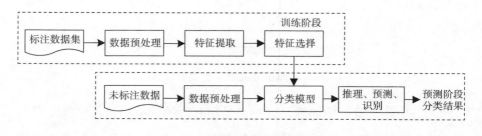

图 6-6　深度学习的层次结构

第一步，选取样本，将样本分为两部分，分别用于训练和测试，这两部分的数据需要不重合。

第二步，由于样本数据的量纲不一致，因此对数据进行预处理，保证训练结果的准确性。

第三步，设置训练参数，使用训练样本对深度学习网络进行训练，使用测试样本对构建的网络进行测试，确定预测准确率。

第四步，根据测试结果的反馈，修正网络参数设置。经过不断试验，最终得到效果最好的预警网络模型，以此来进行案例预警及分析。

6.3.2　多源异构数据的社会稳定风险态势评估系统

信息技术及互联网的高速发展和全球的数字信息资源的急剧增加，推动着大数据时代的来临，各行各业每天都在产生数量巨大的数据碎片。重大工程环境损害的社会稳定风险影响的自变量类别多、来源广泛，传统做法是人工采集后录入系统，很难保证数据的一致性和实时性。本节依托 TRS 和舆情监测系统平台对社会网络媒介化下的多源异构数据转换进行处理，包括数据抽取、数据转换、数据加载；利用大数据处理工具对大量多源异构数据进行收集处理存储；利用实时数据处理工具，实时检测舆情监测系统平台的风险事件。

（1）系统架构设计

本节提出的风险态势量化评估系统的总体架构如图 6 - 7 所示。系统采取"分布式获取，分域式处理"的分布式开放架构，主要包括 4 个模块：

1）实时数据采集模块，运用日志收集服务器代理、舆情监测系统平台接口、漏洞探测等，对舆情监测系统平台的多源异构数据信息进行实时采集；

2）数据归一化处理模块对采集到的多源异构数据进行格式化

处理；

3）态势量化预警模块，根据风险态势各指标项，对归一化后的数据进行量化并采用层次分析法，完成对多源异构数据的综合理解；

4）用户交互模块，对系统设置进行配置，将处理好的多源数据以及风险态势图进行可视化展示。

4个模块间通过数据平台进行信息交互与功能联动。

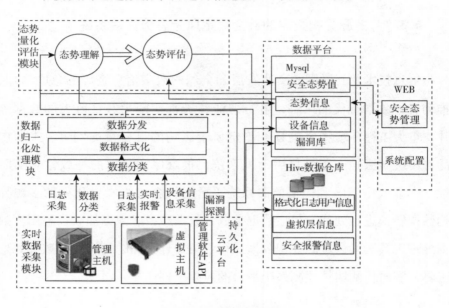

图6-7 系统框架结构

（2）系统业务流程设计

本节提出的系统的业务处理流程如图6-8所示。首先是对来源不同结构各异的数据进行收集，通过日志收集协议（如 rsyslog）转发日志数据，包括系统日志、应用日志，以及由风险防护设备所报警的风险事件，由日志收集服务器对其进行采集，通过漏洞探测程序对舆情监测系统平台的漏洞进行针对主机和虚拟机的漏洞探测。舆情监测系统平台自带接口提供平台自身信息，由多个评估专家通过前端的系统配置页面对舆情监测系统平台的部署配置等信息进行填写。而后通过日志收集服务器中的格式化组件对需要格式化的数据进行归一化处理。进而，根据确立的风险预警指标体系对归一化后的数据进行筛选，丢弃与风险预警无关的数据，对风险预警指标体系中的各指标项分层进行量化，得出各保护层面的风险态势值。最后，利用层次分析法计算得出风险态势值，评估当前的重大工程环境损害的社会稳定风险态势。

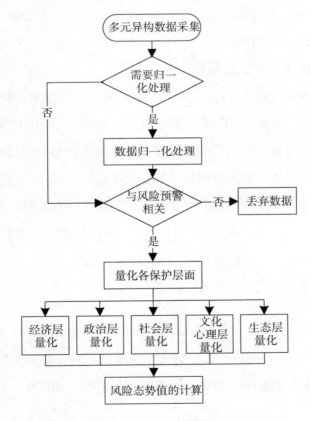

图6-8　风险态势量化处理流程

175

（3）多源异构数据的量化

在平台运行过程采集的海量异构数据中，依据所确定的重大工程环境损害的社会稳定风险预警指标体系，采集实时准确的所需数据作为系统数据源。从数据源类型、数据获取方式等角度对数据源进行分类，根据数据源信息获取方式的不同，将重大工程环境损害的社会稳定风险预警指标体系中的指标项分成了两类，一类是静态指标项，另一类是动态指标项。静态指标项是由多名评估专家通过填写问卷调查而获取的系统配置信息，动态指标项则是由剩下的各个数据源获取的信息。

1）静态指标的量化

对静态指标项的量化需要先确定参照等级，设 level = {完全符合（L1），大部分符合（L2），部分符合（L3），大部分不符合（L4），完全不符合（L5）}，其对应量化值为：level = {1.0，0.75，0.5，0.25，0}，将它作为舆情监测系统平台风险态势评估静态指标项的评判和识别准则，评估专家根据舆情监测系统平台的实际情况给静态指标项选择相应级别。通常，不同专家在知识和理解上存在差异，其权威和经验也不尽相同，所以，事先对参与评估的 n 个专家设定可靠系数：w_1，w_2，…，w_n。其中，$w_i \in [0.8, 1]$，$i = 1, 2, …, n$。对于某一静态指标项 I_m 的整体量化值为式 6 - 1。

$$M^{I_m} = \sum_{i=1}^{n} level_i^{I_m} * w_i \qquad (6-1)$$

其中 $level_i^{I_m}$ 表示专家 i 对 I_m 静态指标项的判定，对 M^{I_m} 进行归一化，得到综合多名专家对某一静态指标项的评分情况，如式 6 - 2.

$$M^{I'_m} = \frac{M^{I_m}}{\sum_{i=1}^{n} w_i} \qquad (6-2)$$

2）动态指标项的量化

动态指标项的量化可以具体分为三种情况：对风险事件的量化、对其余动态指标项的量化，以及对安全事件的量化。针对一定时间段内从数据仓库表中提取的风险事件，采用统计的方法对与相应风险事件相关的指标项进行量化，如式6-3。

$$E_t = E_{t-1} - P_t + H_t \qquad (6-3)$$

其中，E_t 代表当前 t 时间段风险事件数，E_{t-1} 代表前一时间段风险事件数，P_t 代表当前时间段已处理的风险事件数，H_t 代表当前时间段发生的风险事件数。对于其余指标项的量化，则是根据数据源所提供的信息，判定相应指标项是否被满足。

（4）风险态势的评估

本节采用层次分析法分析重大工程环境损害的社会稳定风险预警指标的特点，经过各保护层面风险预警指标融合，计算得出风险态势值。

1）态势指标融合

态势指标融合是利用各保护层面态势指标和该指标项相对于所属保护层面的重要性权值进行融合。为使整体风险态势值具有波动性强、实时性好的特点，对波动性强的动态指标项，将其权值提高，对波动性弱的静态指标项，其权值予以降低。

设态势预警指标 I_m 的权值为 W_{I_m}，则各指标项相对于这一保护层面的重要性为式6-4。

$$\theta_{I_m} = \frac{W_{I_m}}{\sum w_{I_m}} \qquad (6-4)$$

则保护层风险态势值 p 为式6-5。

$$P = \sum (M^{I'_m} * \theta_{I_m}) \qquad (6-5)$$

2）保护层面态势融合

保护层面态势融合是利用各保护层面安全态势和各保护层面相对于重大工程环境损害的社会稳定风险预警指标的重要性权值进行融合，从而得到重大工程环境损害的社会稳定风险态势值 TS，其计算公式如式 6 – 6。

$$TS = \sum_{i=1}^{n} P_i * w_{P_i})$$ (6 – 6)

其中，P_i 为 i 保护层面的安全态势值，w_{P_i} 为 i 保护层面相对于云平台总体安全的重要性权值，n 为具体的保护层面数量，相对于本系统而言，其保护层面数量值为 5。

6.3.3　重大工程环境损害的社会稳定风险预警阈值划分

目前对重大工程环境损害的社会稳定风险管理多为事后处理，前期的风险预警管理往往被忽略。而在重大工程环境损害的社会稳定风险预警管理中，风险阈值的界定尤其重要，能为社会稳定风险预警提供科学的参考标准。

（1）重大工程环境损害的社会稳定风险预警阈值划分方法

最优分割法由 Fisher 在 1958 年首次提出，最优分割法的思想是寻找一个划分，可以保证在有序样本不被破坏的前提下，使其分割的级内离差平方和为最小、级间离差平方和为最大的一种聚类分级方法。可用来对有序样本或可变为有序（排序）的样本进行分级，且具有客观、最优的特点。对该算法的结果进行统计检验，还能确保划分结果具有明显的统计意义，相比其他方法更具优势。

设样本依次为 x_1，x_2，$\cdots$，x_n，最优分割法的计算步骤如下：

1）原始数据标准化

对初始值进行标准化处理，使指标值表达为具有相同量纲和优劣评判标准的属性值。正向指标为指标值越大风险水平越高，负向指标为指标值越小风险水平越高，适中指标为指标值越接近某个值则风险水平最低。

正向指标的标准化公式为

$$Z_{ij} = \frac{x_{ij} - x_{minj}}{x_{maxj} - x_{minj}}$$

负向指标的标准化公式为

$$Z_{ij} = \frac{x_{maxj} - x_{ij}}{x_{maxj} - x_{minj}}$$

适中指标的标准化公式为

$$Z_{ij} = \begin{cases} 1 - \dfrac{x_{0j} - x_{ij}}{M} & x_{ij} < x_{0j} \\ 1 - \dfrac{x_{ij} - x_{0j}}{M} & x_{ij} \cdots x_{0j} \end{cases}$$

式中 Z_{ij} 为 i 个对象的第 j 个预警指标标准化处理后的值，x_{ij} 为 i 个对象的第 j 个指标的实际值，x_{maxj} 为第 j 个指标所有被评价对象的评价结果的最大值，x_{minj} 为第 j 个指标所有被评价对象的评价结果的最小值。$M = \max\{x_{0j} - x_{minj}, x_{maxj} - x_{0j}\}$，$x_{0j}$ 为指标 j 的理想值。

$$Z = \begin{bmatrix} z_{11} & z_{12} & \cdots & z_{1n} \\ z_{21} & z_{22} & \cdots & z_{2n} \\ \cdots & \cdots & \cdots & \cdots \\ z_{p1} & z_{p2} & \cdots & z_{pn} \end{bmatrix}_{p \times n}$$

2）计算变差矩阵 D

设 $\{z_1, z_{i+1}, \cdots, z_j\}$ 为一个类（$j \geqslant i$），其平均值为 $\overline{z_{ij}} = \dfrac{\sum\limits_{a=i}^{j} z_a}{j-i+1}$，样本的变差（离差平方和）为 $d_j = \sum\limits_{a=i}^{j} (z_a - z_{ij})^2$，则整个数据资料矩阵的变差为

$$d_j = \sum_{b=i,a=i}^{j} \sum_{a=i}^{p} (z_a - za(ij))^2 \frac{i}{j} = 1, 2, \cdots, n$$

3）计算误差函数

分类的误差函数定义为

$$e[p(k,n)] = \sum_{i=1}^{k} (D_{ij}, i_{j+1} - 1)$$

其中 $i = 1 < i_2 < \cdots < i_k < n$。当 n 和 k 固定时，$e[p(k,n)]$ 越小，表示类内的离差平方和越小，分类越合理。

4）精确最优解的求法

当 k = 2 时，要找出一个分界线使全部样本分成两类，而 p_0（2，n）是所有可能的分界线中使误差函数达到最小的分法。于是

$$e[p_0(2,n)] = min_{2 \leqslant j \leqslant n}\{D(1, j-1) + D(j,n)\}$$

对 n 施行归纳法，可使递推以下公式成立：

$$e[p_0(2,n)] = min_{m \leqslant j \leqslant n}\{e[p_0(k-1, j-1)] + D(j,n)\}$$

5）较优分段法的确定

由于最优分段法本身没有给出确切分段数，通常采用以下方法来确定：

①最小目标函数随分段数变化的曲线。取曲线拐弯处或开始变平处对应的分段数为最适宜的分段数。

②计算比值 $\beta\left(\beta = \dfrac{e[p(k,n)]}{e[p(k+1,n)]}\right)$，当 β 较大时，就表明分成 k +

1 段比 k 段好。β 接近于 1 时即可不必再往下分。

6）F 检验

对分类结果进行 F 检验，最适宜的分类数 k 必须使分割结果通过 F 检验，而且 F 要尽可能大。

$$F = \frac{\sum\limits_{i=1}^{n}(x_i - x)^2 - e[p(k,n)]}{\dfrac{e[p(k,n)]}{n - k}}$$

其中 $e[p(k,n)]$ 相当于段内离差平方和，$\bar{x}$ 为 x_i 的均值，$\sum\limits_{i=1}^{n}$

$(x_i - x)^2$ 为总离差平方和，$\sum\limits_{i=1}^{n}(x_i - x)^2 - e[p(k,n)]$ 相当于段间离差平

方和，$f_1 = k - 1$，$f_2 = n - k$ 均为自由度。根据自由度 f_1、f_2 和给定的显著性水平 α，查表可求得 $F\alpha$，若 $F > F\alpha$，即可通过检验。

（2）重大工程环境损害的社会稳定风险预警阈值的界定

样本数据的处理采用数据处理系统软件 DPS（ Data Processing System，DPS），通过计算类直径、误差函数和最优分割结果来完成重大工程环境损害的社会稳定风险预警阈值的划分。研究结果表明分成 3 段较为粗糙，所以将重大工程环境损害的社会稳定风险预警阈值划分为 4 段，将各段警级分别界定为：无警、轻警、中警及重警。

6.3.4　重大工程环境损害的社会稳定风险预警模型设计

（1）深度学习网络模型构建

深度学习基于特征的因子组合来搜索非线性因子实现预测，通过特

征变量 X 预测变量 Y 的监督学习形式。深度学习过程包括一系列作用于 X 的 L 次非线性变换。每次 L 变换的输出称为一个层，其中原始输入是 X，第一次变换的输出就是第一层，依此类推，输出 Y 是第（L＋1）层输出为，标序 1 到 L 层，这些中间输出层称为隐藏层。层数 L 代表模型的深度。具体来看，深度神经网络模型可以描述如下：让为 L 层中的每一层给定的单变量激活函数；激活函数是权重数据的非线性变换；常用的激活函数为 S 函数。我们令表示第 L 层一个长度与该层神经元数量相同的向量，那么深层预测规则的显式结构就是单变量半仿射函数的组合：

$$F^{W,b} = F_1^{W(1)b(1)} \cdots F_L^{W(L)b(L)}$$

$$F_l^{W(1)b(1)} = f_1(W^{(1)} + b^{(1)}) = f_l\left(\sum_{i=1}^{N_l} W_i^{(1)} Z_i^{(1)} + b_i^{(1)}\right) \forall 1 \leqslant l \leqslant L$$

$$(6-7)$$

其中 N_1 是在层 1 处的神经元的数量或架构宽度，$W^{(1)}$ 是实数权重矩阵，$b^{(1)}$ 是阈值或激活水平，它们有助于隐藏单元的输出，从而允许激活函数左移或右移。权重 $W_1 \in R^{N_1 * N_{1-r}}$ 是矩阵，从计量经济学的角度来看，深度学习模型构成了一类特殊的非线性神经网络预测指标。F_1 表示第 1 个隐藏层，令 $R_{t+1} \in R^{T*1}$ 为风险预警向量，$X_t \in R^{T*p}$ 为上节涉及到的指标的高维集合变量。深度学习是一种使用 L 层隐藏因子的数据缩减方案，可以是高度非线性的，我们定义的形式上的分层模型为：

$$R_{t+1} = \alpha + \beta X_t + \beta_f F_t + o_{t+1}$$

$$F_t = F^{W,b}(W_t)$$

$$F^{W,b} = f_1^{W_1,b_1} \cdots f_L^{W_L,b_L}$$

$$f^{W,b_l}(Z) = f_1(W_1 Z + b_l), 1 \leqslant \forall l \leqslant L \qquad (6-8)$$

公式 $R_{t+1} = \alpha + \beta X_t + \beta_f F_t$ 是输入变量 X_t 和潜在因子变量 F_t 线性可加组合。$F: R^{T \times p} \to R^{T \times 1}$ 是一个深度学习的多元数据缩减映射。网络参数（W，b）是要训练的权重和偏移量，o_{t+1} 是通常的特殊预警错误。DL 与传统因子模型之间的主要区别在于深度学习使用因子组合而不是使用浅层可加模型。F 被构造为单变量半仿射函数的组合，并且对于激活函数的常见选择是 $f_l(x) = max(x,0) = ReLU(x)$，即所谓的修正线性单元。

传统上通过两步过程回归估计因子 F_t 和学习系数。而深度学习将联合估计系数和潜在因子。图 6 - 9 用左边的绿色圆圈作为输入预测指标 Xt，例如经济增长率、M2 增长率、通货膨胀或其他经济变量。最右边的红圈是需要预测的金融风险。紫色圆圈在隐藏层中的全连接神经元。黄色圆圈是方程 6 - 8 中的最后一个隐藏层，但与第一个隐藏层不同，因为这个隐藏层是由先前隐藏层产生的潜在因子和原始输入的副本组成的。该模型的关键优势是非线性和同时因子估计。

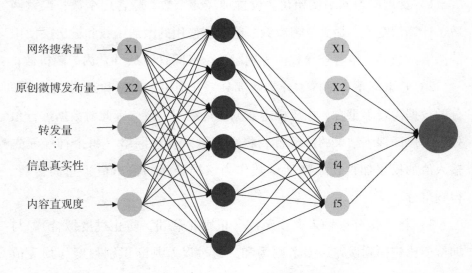

图 6 - 9 深度学习动态因子模型

为了训练模型需要一个损失函数来最小化，通常是样本内拟合的均方误差。

$$L = \frac{1}{T} \sum_{t=1}^{T} (R_{t+1} - \widehat{R}_{t+1})^T (R_{t+1} - \widehat{R}_{t+1}) + \lambda \varphi(\beta, W, b) \qquad (6-9)$$

其中以正则化惩罚项目来促进预测器选择并避免模型过度拟合，我们需要控制法规的数量。在 TensorFlow 中使用随机梯度下降（SGD）算法使回归参数和因子共同最小化损失函数。

（2）模型设计步骤

深度学习模型是一种有监督式的学习算法，其主要思想是：输入学习样本，使用反向传播算法对网络的权值和偏差进行反复的调整训练，使输出的向量与期望向量尽可能地接近，当网络输出层的误差平方和小于指定的误差时，训练完成，保存网络的权值和偏差，具体步骤如图 6-10 所示：

1）深度学习网络初始化。设置神经元个数、隐含层个数、误差函数、计算精度值、最大学习次数、隐含层使用的激活函数和输出层使用的激活函数等，给各连接权值分别赋一个区间（-1，1）内的随机数；

2）选取样本，将样本分为两部分，分别用于训练和测试，这两部分的数据需要不重合，由于样本数据的量纲不一致，因此对数据进行预处理，保证训练结果的准确性；将数据输入神经网络（每个神经元先输入值加权累加再输入激活函数作为该神经元的输出值）正向传播，得到得分；

3）将"得分"输入误差函数（正则化惩罚，防止过度拟合），与期待值比较得到误差，多个则为和，通过误差判断识别程度（损失值越小越好）；

4）通过反向传播（反向求导，误差函数和神经网络中每个激活函数都要求，最终目的是使误差最小）来确定梯度向量；

5）最后通过梯度向量来调整每一个权值，向"得分"使误差趋于0或收敛的趋势调节；

6）判断误差是否满足要求。当误差达到预设精度或学习次数大于设定的最大次数时结束。否则，重复上述过程直到设定次数或损误差失的平均值不再下降（最低点）。

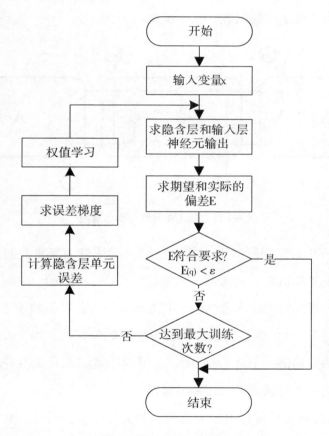

图 6 –10　深度学习训练流程

（3）长短期记忆网络（LSTM）预警模型

重大工程环境损害社会稳定风险的演化过程可以看作是时间序列，因此，可以利用递归神经网络（RNN）来捕捉风险信息的传播特征，可以利用这些特征对风险信息传播的不同阶段、严重程度进行判断。然而，RNN 在实际运用过程中有运载梯度爆炸、梯度消失和位置偏差等问题，这些问题往往倾向于保留最后位置附近的信息，也就是弱化之前的信息。为了避免这些问题，基本步骤如下：

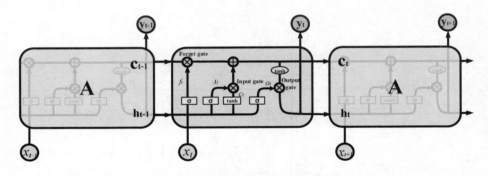

图 6 - 11　LSTM 网络结构示意图

1）LSTM 首先判断对上一状态的输出的哪些信息进行过滤，即遗忘那些不重要的信息。它通过一个遗忘门（Forget gate）的 sigmoid 激活函数实现。遗忘门的输入包括前一状态 h_{t-1} 和当前状态的输入 x_t，即输入序列中的第 t 个元素，将输入向量与权重矩阵相乘，加上偏置值之后通过激活函数输出一个 0 - 1 的值，取值越小越趋向于丢弃。最后将输出结果与上一元胞状态 C_{t-1} 相乘后输出。

2）通过输入门将有用的信息加入到元胞状态。首先，将前一状态 h_{t-1} 和当前状态的输入 x_t 输入到 sigmoid 函数中滤除掉不重要的信息。另外，通过 h_{t-1} 和 x_t 通过 tanh 函数得到一个 - 1 - 1 之间的输出结果。这将产生一个新的候选值，后续将判断是否将其加入到元胞状态中。

3）将上一步中 sigmoid 函数和 tanh 函数的输出结果相乘，加上步骤1）的输出结果，从而实现保留的信息都是重要信息，此时更新状态 C_t 即可忘掉那些不重要的信息。

4）最后，从当前状态中选择重要的信息作为元胞状态的输出。首先，将前一隐状态 h_{t-1} 和当前输入值 x_t 通过 sigmoid 函数得到一个 $0-1$ 的结果值 O_t。然后对步骤3）中输出结果计算 tanh 函数的输出值，并与 O_t 相乘，作为当前元胞隐状态的输出结果 h_t，同时也作为下一个隐状态 h_{t+1} 的输入值。其中每一步公式如下：

$$\text{The sigmoid activation function：} \sigma(x) = \frac{1}{1 + e^{-x}} \qquad (6-10)$$

$$\text{Input gate：} i_t = \sigma(w_i \times x_t + R_i \times h_{t-1} + E_i \times c_{t-1} + b_i) \quad (6-11)$$

$$\text{Forget gate：} f_t = \sigma(w_f \times x_t + R_f \times h_{t-1} + E_f \times c_{t-1} + b_f) \quad (6-12)$$

$$\text{Output gate：} o_t = \sigma(w_y \times x_t + R_y \times h_{t-1} + E_y \times c_{t-1} + b_y)$$
$$(6-13)$$

$$\text{Cell state：} c_t = f_t \times c_{t-1} + i_t \times c_t, \ \bar{c_t} = \sigma(w_c \times x_t + R_c \times h_{t-1} + b_c)$$
$$(6-14)$$

$$\text{Output vector：} h_t = o_t \times \sigma(c_t) \qquad (6-15)$$

6.4 重大工程环境损害的社会稳定风险
预警模型的应用与分析

根据上述深度学习算法基本原理，使用 tensorflow 平台实现模型的搭建和训练过程，在 tensorflow 中提供了 LSTMCell 操作来支持 LSTM 模型的搭建。结合 MATLAB R 2009a 编制程序，并将建立的网络模型用于重大工程环境损害社会稳定风险预警研究。

6.4.1 样本数据与处理

不同类型的重大工程环境群体性事件通常遵循着一个特定的生命周期，曾润喜等人将现有的媒介化信息传播阶段划分为三阶段、四阶段、五阶段和六阶段模型。本节采取重大工程环境群体性事件酝酿期①、爆发期②、缓解期③和消退期④的四阶段模型，根据重大工程环境群体性事件的不同阶段，抽取一定数量的样本作为深度学习网络的训练和预测样本。目前并没有标准的重大工程环境群体性事件预警分级体系，因此根据《国家突发公共事件总体应急预案》将预警级别划分为四级：Ⅰ级（特别严重）、Ⅱ级（严重）、Ⅲ级（较重）和Ⅳ级（一般），分别用1000、0100、0010、0001 对应输出的四个预警等级状态。将重大工程环境损害社会稳定风险等级与媒介化信息传播阶段相关联，而没有与危机大小直接相关联，原因在于媒介化信息传播具有极强的随机性与复杂性，导致不同事件或同一事件不同阶段中重大工程环境损害社会稳定风险的大小难以准确量化，而不少学者对重大工程环境群体性事件的生命周期进行定性研究认为，群体性事件酝酿期，负能量不断积聚，引发社会冲突的可能性较大；群体性事件爆发期，网民的关注度处于最高水平，酝酿期积聚的负能量集中释放，对社会的危害性最强；群体性事件缓解期，网民关注度下降，但负能量还处于较高水平；群体性事件消退期，网民关注度较低且负能量基本释放完。

依托互联网全数据对于群体性事件的信息筛选、精准预警和趋势研判意义重大，这些数据指向风险演化的走势。从时间和关键事件进展的节点可以看出：重大工程项目环境损害的社会稳定风险传播呈现出链条式的发展、演变过程，且这种链条式反应的加速度逐渐增大，让原本未见于实的社会稳定风险超过其安全阈值，达到燃点并爆发，是一个逐渐"形成－聚集－爆发"的过程。不同类型的重大工程项目环境群体性事件通常遵循着一个特定的生命周期，本书采取重大工程项目环境损害的社会风险酝酿期、爆发期、缓解期和消退期的四阶段模型。环境损害社会稳定风险演化分析从宏观层面诠释了其系统结构，从中可知政府预警环境群体性事件发生的两个关键节点是群众反映利益诉求时和触发事件的预示特征出现前。因此，将重大工程环境群体性事件酝酿期定为较重级，爆发期定为特别严重级，缓解期定为严重级，消退期定为一般级。依据所建立的社会风险预警指标体系，选取了中国 2012 年至 2019 年间影响力较大的工程项目的环境问题造成的社会冲突事件，如江苏启东事件、余杭中泰垃圾焚烧厂事件、广东茂名 PX 事件等典型案例的数据，并结合环境损害社会风险传播规律，每组案例选取固定时间点的连续数据，作为 LSTM 网络的训练和预测样本。由于末级指标的量纲不一样，为了方便处理和比较，将原始数据进行了［0，1］归一化处理（保留 4 位小数）。

6.4.2　算法结构与参数设置

本书使用 tensorflow 平台实现模型的搭建和训练过程，tensorflow 中提供的 LSTMCell 操作支持 LSTM 模型的搭建，LSTMCell 相当于 LSTM 模型的隐藏层，在内部封装了 LSTM 隐藏层包含的遗忘门、输入门和输出门等结构，同时还可以根据研究需要设置隐藏层节点的个数。在用 TensorFlow 搭建神经网络的过程中，不再以神经网络中的节点为单位进行布局，而是以层为基础来考虑。因为像 LSTMCell 这样的 TensorFlow 操作直接代表了网络中的一个隐藏层，因此包含多个节点的输入层和输出层也都用向量的形式来表示，向量长度即为该层节点的个数。特别地，输入数据 InputData 经过 dropout 操作，dropout 操作的目的是防止模型过于拟合。模型中的主要训练参数包括输入层到隐藏层的权重和偏斜、LSTMCell 中 3 个门的权重和偏斜、以及逻辑回归层的权重和偏斜。给出损失函数 Cost 后，使用 TensorFlow 提供的训练操作可以自动求 Cost 关于每个参数的微分导数，并用梯度下降法对模型进行训练。输出层节点设置为 4 个，与社会风险预警的四个程度等级相对应。其他参数的设置将在表 6 − 1 中给出清晰呈现。模型中的训练参数的初始化会对训练效果产生很大的影响，这里就选用 TensorFlow 提供的 random_ uniform_ initializer 对逻辑回归层的训练参数进行初始化，并用 orthogonal_ initial-izer 方法对 LSTMCell 中的遗忘门、输入门和输出门的参数进行初始化。此外，实践证明在新建 LSTMCell 时将参数 forget_ bias 从默认的 0 调整为 1.0 会使模型的训练效果产生有所提升。研究将使用批量随机梯度下降法进行训练。

表 6 − 1　参数设置

参数名称	参数值
输入层结点个数	11
输出	4
序列长度	256
隐藏层层数	1

续表

参数名称	参数值
每层隐藏层节点个数	128
学习率	0.001
每次训练的实例数	10
Forget_ bias	1.0

6.4.3 实验验证与结果分析

实验过程中，将每个工程项目环境损害社会风险引发的群体性事件中不同阶段的样本按类别标签排序，然后将事件不同阶段样本放入测试级，选择其他百分之三十的样本标签放入训练集。然后，用训练集的全部动作迭代训练模型 10000 次，每次迭代会将训练集数据随机重排列。为此，则记录了每次迭代后模型的损失函数值，记录结果如图 6 - 12 所示。从图中可以看出损失函数值随着迭代而下降，最终趋于平稳，这也符合神经网络模型的一般训练过程。在 10000 次迭代的过程中，模型在测试数据上的准确率最高达到 90%。

根据 LSTM 神经网络构建原理，将训练数据实际输出的转换结果与期望输出值进行比较，观察其一致性，一致则说明该模型是有效的，否则该神经网络构建不合理，需进一步改进。实验结果表明实际输出的转换结果与期望输出是基本一致的，社会风险的不同阶段发出不同的预警信号，其中潜伏期发出蓝色预警信号（1000），爆发期发出红色预警信号（0100），缓解期发出橙色预警信号（0010），消退期发出绿色预警信号（0001），记录结果如图 6 - 13 所示。从图中可以更加直观地看到工程项目环境损害的群体性事件发展趋势，模型预测输出基本与实际预警状态一致，也符合社会风险演化规律。实验结果证明，构建的工程项目环境损害的社会风险预警指标体系基本合理，基于 LSTM 神经网络社会风险预警模型是有效的。

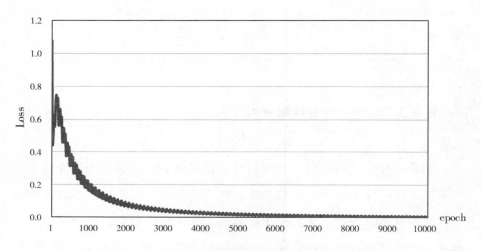

图 6 – 12 模型损失函数值随迭代次数的变化曲线

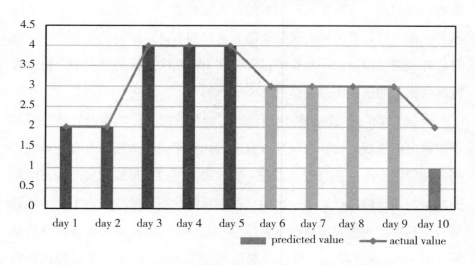

图 6 – 13 重大工程环境损害群体性事件的社会稳定风险预警结果

从模型的实验结果，我们发现风险指标选择与社会风险演化密切具有一定的解释能力，研究表明，LSTM 模型具有较高的社会风险预测精度和较低的误差率，同时自动学习风险传播的历史数据和当前数据，准确实现结果。最后，我们认为 LSTM 模型是帮助我们构建网络信息时代工程项目环境损害社会风险预警系统的有效而有力的工具。应该注意的是，在我们的工作中并没有试图比较其他更复杂模型的性能。与一般的集体行为相比，社会风险事件的酝酿期短、爆发时间集中、风险主体多、生命周期短。工程项目环境损害社会风险数据的获取存在一定的局限性，可以在训练过程中通过扩充数据（增加噪声数据）等方法加以改进，并在后续研究中加以尝试。

重大工程环境损害的社会稳定风险的预警是指从重大工程项目社会冲突的风险征兆出现到危机开始再到造成可感知的损失这段时间内，化解和应对危机所采取的必要、有效行动。重大工程项目环境群体性事件的随机性使其难以被准确预测，但是社会稳定风险的媒介化传播是一种客观的存在，有其酝酿、发展、爆发、变化、消散的规律。同时，信息技术的快速发展和统计理论的不断完善，为预测重大工程投资项目环境损害社会风险提供了技术保障。运用大数据技术可以实现对利益相关者、涉及地区、诉求意愿、目标指向、冲突性质、影响因素、情绪变化、围观人群、发展趋势、相互关联度等各类因子的信息进行全面采集和监测，构建社会稳定风险预警模型，设计相应的数据指标。依托大数据支持不断对机器进行训练，初步实现智能判断和预测，快速做出风险态分析和走势研判，可以更敏锐地发现事件苗头，及时采取事前控制措施，实现群体性事件的精准预测、干预评估和动态调整。因此，对重大工程项目环境损害的社会稳定风险做出比较准确的预警是具有现实的可能性的。

第七章　社会网络媒介化中重大工程环境损害的社会稳定风险防范机制研究

7.1　重大工程环境损害的社会稳定风险网络治理模式

社会治理模式逐渐从统治型社会治理模式向管理型社会治理模式过渡，继而向网络化治理模式方向发展。网络化治理之所以具有不同于统治型社会治理模式、管理型社会治理模式的显著优越性，是因为网络化治理立足于社会治理过程中出现的新情况、新问题，并从影响社会治理的多种因素出发，实现自身的理论建构与功能拓展。从这个意义上来说，将网络化治理视角下的社会治理，置于一个系统性的分析框架，检视网络化治理的可能及限度，是今后网络化治理研究的重要着力点。风险网络化治理以反思理性的"复杂人"为逻辑起点，通过构建多种形式的社会稳定风险治理网络，并在其中探索政府、市场以及社会等多元主体广泛参与的合作治理之路，能够有效地提高公共价值的生产，推动多元主体协同治理，提高棘手问题的可治理性，实现调适性治理。

有鉴于此，本节尝试性地建构一个基于"主体－客体－介体"的系统性分析框架，对网络化社会背景下重大工程环境损害的社会稳定风险治理的困境进行综合分析，并在此基础上，探讨影响重大工程环境损害的社会稳定风险的网络化治理的适用性。

7.1.1　重大工程环境损害的社会稳定风险网络治理目标

（1）网络治理理论

网络治理最早由斯蒂芬·戈德史密斯等人提出，强调在政府的协调沟通下，为实现和增进公共利益而参与合作，地位相互平等，彼此分享资源，共同管理公共事务。网络治理作为一种多主体的治理模式，主张各网络主体在考虑其他参与者策略效果的基础上，按照达成的博弈规则和信任制定自身策略，最大程度利用彼此资源，网络治理理论中的网络正是自我组织的，强调参与者的自由裁量权和平等的协调与沟通；另一方面，为了改变政府科层制失灵的困境，推动公共政策目标更有效率地完成，新公共管理运动日益勃兴，在此背景下，市场治理成为取代科层治理模式的有效路径。然而，随着市场治理模式的失灵，逐渐出现诸如公共价值不彰、民主合法性不足以及公民参与度偏低等困境，网络化治理作为一种新的治理模式，肩负着克服科层治理失灵和市场治理失灵的双重历史任务。正是在这个意义上，为了提高公共事务治理的有效性，世界很多国家逐渐从科层治理模式下的自上而下的运作模式向网络化治理模式下政府、企业、非营利组织、社群等诸多行动者之间协调合作的运作模式转变。

　　世界范围内社会治理复杂性的提升以及中国社会治理理论研究在解释与应对最新棘手社会问题方面的滞后性，使得运用新的理论视角去研究社会复杂性背景下的社会治理显得尤为必要。尽管转型时期背景下中国社会治理问题具有一定的特殊性，但是中国作为世界的一部分，当前它所面对的很多社会问题都或多或少在当今发达国家过去的转型时期曾经集中出现过。从这个意义上来看，转型时期中国社会治理问题是世界范围内转型国家的共性社会问题，它的特殊性不在于问题本身，而在于问题爆发的方式。换言之，转型时期中国社会治理问题的特殊性在于中国时空压缩型的社会转型模式，造成一些社会稳定风险治理问题的集中爆发、交错影响。

　　随着网络化社会的来临，不仅社会结构、治理过程以及行为者关系等方面发生了深刻的变化，而且社会稳定风险问题的产生根源与表现形式也与以往有了巨大的不同，在此背景下，风险治理日益呈现高度复杂化、动态化以及不确定的发展态势。如果简单地沿用统治型社会稳定风险治理模式和管理型社会治理模式，那么势必会无法适应网络化社会背景下社会稳定风险治理复杂化的现实需要。正是在这个意义上，网络化治理作为一种新的社会治理模式应运而生，它具有不同于传统的社会稳定风险治理模式的显著优越性。另一方面从影响因素来看，社会稳定风险治理作为一项系统而复杂的工程，它的过程和结果受多种因素的综合作用与影响。价值理念是影响社会稳定风险治理的根本因素，社会稳定风险治理过程中，多元行为主体之所以表现出相同或不同的行为导向，从根本上来说，是深层次的价值理念在行为导向上的具体呈现。主体构成是影响社会稳定风险治理的能动因素，政府、市场以及各类社会组织、团体与个人组成的"多中心治理"体系，日益成为网络化社会背景下社会稳定风险治理的显著特征。客体是影响社会稳定风险治理的现实因素，从一定意义上来说，正是由于客体——公共事务的棘手化，社会稳定风险治理的发展进路逐渐从统治型治理走向网络化治理。介体是影响社会稳定风险治理的外在因素，从系统的维度来看，社会稳定风险治理必定在一定的自然环境和社会环境中运行，因此，整个社会治理的过程与结果，都必然受到媒介因素的影响。

（2）重大工程环境损害的社会稳定风险网络治理目标

重大工程环境损害的社会稳定风险治理问题由来已久，进入 21 世纪之后，重大工程环境损害的社会稳定风险治理日益呈现高度复杂性和不确定性的状态，如移民、征地拆迁、生态环境、媒体传播、利益群体等棘手社会问题的治理。这类社会问题的一个突出特点是，跨越组织的传统管辖区并且跨越公共部门与私人部门之间的传统边界，所以，政府、市场、社会，都无力独自应对此类社会问题。实践证明，面对重大工程环境损害的复杂性、不确定性带来的社会稳定风险治理难题，无论是统治型风险治理模式，还是管理型风险治理模式都难以真正意义上做到对复杂性、不确定性的有效治理。正是在这个意义上，重大工程环境损害的社会稳定风险网络治理作为一种新的治理模式，肩负着克服统治型社会治理模式与管理型社会治理模式治理失灵的历史任务，重大工程环境损害的社会稳定风险网络治理目标主要分为以下两点：

1）基于"理论、主体、客体以及介体"构建系统性重大工程环境损害社会稳定风险的治理分析框架。

通过网络化治理的视角，将社会稳定风险治理过程中显性问题和隐性问题综合起来进行分析，为网络化社会背景下的重大工程环境损害社会稳定风险治理困境提供一个可能的解释和尝试性的路径探索；

2）基于"策略性—关系性"的研究思维，立足于现阶段中国社会治理过程中存在一定意义上的社会镶嵌自主性的事实，探讨网络化治理视角下重大工程环境损害社会稳定风险治理可能的经验借鉴和未来走向。

在中国现实的社会稳定风险治理实践中，政府的主要精力是制定决策和执行决策，并非事无巨细地参与社会稳定风险治理所有层面。在社会稳定风险治理系统工程这个庞大的治理网络中，还存在着千千万万的小网络，并且在每一个网络中还存在各个具体的节点，这些节点已经在实质意义上参与并影响着社会稳定风险治理实践的整体运行。甚至，在政府主导的领域，如公共政策制定方面，出现了参与式预算、民主协商、网络公共论坛等多种形式的政府与社会沟通、对话的一些探索，在重大工程建设过程中，也经常见到企业以及社会组织的影子。这些事实表明，基于结构分析的路径无法解释中国社会稳定风险治理实践的最新进展。

7.1.2　重大工程环境损害的社会稳定风险网络治理结构

（1）重大工程环境损害的社会稳定风险网络治理过程

在网络化社会背景下，重大工程环境损害的社会稳定风险治理的突出特征是保持社会稳定风险结构的开放性以及多元主体之间的交互性，在此过程中，社会稳定风险的价值理念在多元价值的冲击下日益呈现碎片化的发展趋势，它成为网络化社会背景下社会稳定风险治理实现价值整合和创造过程中不得不克服的现实困境。从治理过程来看，网络化社会背景下重大工程环境损害的社会稳定风险网络化治理模式表现出自由开放的特点，具体来说，体现为三个方面：

一是从主体输入来看，重大工程环境损害的社会稳定风险网络化治理模式，以合作网络为平台，试图超越现有民主制度的线性结构，尝试用网络化结构实现政府、企业、社会团体以及个人对重大工程环境损害事务的共同治理。主体输入应该综合吸纳涉及政府、市场以及社会等利益相关者。为此，在合作网络中，为了实现国家与社会、政府与市场、公域与私域的合作治理，重大工程环境损害的社会稳定风险治理主体，既涵盖来自中央、区域、地方政府等多个层面的主体，还涉及压力集团、社会组织、商业组织在内的政治团体和社会团体等。

二是从互动过程来看，参与重大工程环境损害的社会稳定风险网络化治理的多元主体，综合采取协商、讨价还价以及妥协机制，实现多元主体之间的有效互动。需要指出的是，协商机制在互动过程中起着更为关键的作用，这是因为参与治理的主体在讨价还价的过程中，就必须将讨价还价嵌入到能够促进相互学习和共识实现的协商这个更为开放的框架内，才能获得其他主体的支持。由此，基于协商机制过程开放以及主体横向互动的特点，网络化治理模式表现出自由开放的特征。

三是从输出结果来看，重大工程环境损害公共价值的创造同样反映了治理过程的自由开放。这是因为公共价值的创造不是单一主体建构的产物，而是涉及到多元主体的广泛参与，只有基于自由开放的过程，将涉及的重大工程环境损害的利益相关者纳入治理过程，才能实现公共价值的公共性建构。斯托克指出，公共价值的创造并不等于多元主体个体化利益简单相加，它是一种集体合作创造的结果，准确地说，判断什么是重大工程环境损害公共价值，应该集体建立在涵盖重大工程环境损害关键利益相关者的协商过程。从输出结果来看，涉及广泛主体参与协商结果的重大工程环境损害公共价值生产，本身就是自由开放过程的产物，由此，治理结果的公共性从根本上体现了治理过程的自由开放。

（2）重大工程环境损害的社会稳定风险网络治理行为者关系

重大工程环境损害的社会稳定风险网络治理行为的发生依赖于各个主体对合作拥有感知需求和意愿。主体之间存在相互依赖关系是网络治理行为者主体拥有合作需求和意愿的前提条件。总体来看，参与网络化治理的主体之间之所以相互依赖，主要取决于两个因素：一方面，外在环境的影响。如前所述，由于网络化重大工程环境损害的社会稳定风险的治理具有实质、战略以及制度不确定性的特点，使得任何主体都难以独立运用自身的力量来实现不确定性的重大工程环境损害的有效治理。正是主体之间认识到他们在网络化社会不确定环境下的目标一致性，所以不同的行为者在治理网络中采取合作的方式参与重大工程环境损害的治理。另一方面，内在合作的要求。除主体之间资源上的相互依赖关系外，主体之间还存在能力上的相互依赖，即使单个主体拥有充分的资源，也可能在其他主体不参与的情况下，导致自身治理能力的失灵。正是在这个意义上，在相互依赖理论看来，重大工程环境损害的社会稳定风险治理网络作为一个利益协调机制而存在，在协调资源（知识、风险意识、资金、正式权威等方面）相互依赖的自主的、战略的主体的利益方面发挥着重要的作用。

（3）重大工程环境损害的社会稳定风险网络治理特征

重大工程项目所涉及的参与方众多，包括政府、投资者、承包商、供应商、运营商以及其他参与方等。各参与方通过协议和合同紧密联系在一起，构成了网络主体，通过平等合作、相互协调、分享资源、共同管理来实现各自的利益目标，具有显著的网络治理特征。在网络化社会中，重大工程环境损害的社会稳定风险治理模式在形式上表现为网络化治理，从内容上表现为涉及公共、半公共、私人主体在治理网络中对公共价值的追求，其中，国家与社会合作、政治与行政合作以及公共价值再生产是网络化治理模式的主要特征：

1）国家与社会合作

以往，重大工程环境损害的社会稳定风险治理基本属于国家权力管辖范畴之内的事情，通常政策的制定和执行，都是政治系统常规化运行的产物，社会只能通过声音表达和利益表达来影响政策的制定和执行，但并不能直接参与。然而，在网络化社会中，随着大量复杂性、棘手化社会问题的出现，使得拘泥于国家权力界限范畴以及严格权力分工的传统社会治理模式趋于失灵。重大工程的建设不单单是国家自身的事情，这是因为此类工程的建设很容易激起公众对于环境损害带来系列环境问题的公共争论，为了实现可持续的环境问题解决方案，国家不得不与社会机构、环保专家团体、环境运动团体、利益组织、地方政府等组成的一个组织间网络广泛开展协商，由此，在网络化治理模式下，国家与社会走向合作是必然趋势。一般来说，国家与社会合作治理表现是组织间网络化治理，通过网络化治理，一方面将社会纳入政策制定过程之中，另一方面将国家嵌入到社会主体网络之中。

2）政治与行政合作

随着重大工程环境损害问题复杂化的发展趋势以及传统政治与行政二元分离的局面带来治理失灵的困局，使得网络化治理模式下多种治理网络的出现成为现实选择。综合地看，在重大工程环境损害的社会稳定风险网络化治理模式下，政治与行政之间的合作主要取决于两个方面的原因。一方面，在复杂性环境损害事务治理过程中，政治与行政分离使得它们各自存在资源和能力上的不足，为了相互补益，政治与行政基于相互依赖和资源交换而走向合作网络化治理。这主要是因为在治理网络中，组织之间、主体之间基于资源交换和相互依赖的相对平等和横向关系而相互作用。

3）公共价值的再生产

重大工程环境损害的社会稳定风险治理的公共价值涉及三个方面：一是作为服务的价值，重大工程建设具有满足公民需要的现实目的，但更为重要的是重大工程建设也是作为传递公平、平等、正义等价值的载体而存在；二是作为结果的价值，强调公共物品供给的社会效应以及环境损害对公民带来的实际影响；三是作为信任的价值，在这三点之中最为关键，它更关注政府与社会大众之间的关系，判断的标准也与前两点有很大差异，因为在很多情况下，重大工程建设以及社会效应，并不必然带来公民对政府信任的增加。认识到重大工程环境损害的社会稳定风险复杂性，公共管理者需要在重大工程建设过程中，将个人和组织间的治理过程作为权威的辅助或替代。在此过程中，通过网络化治理，公共管理者不仅能够开放地学习不同的方式，而且能够多渠道地补缺相关资源。

7.1.3 重大工程环境损害的社会稳定风险治理框架体系

（1）重大工程环境损害社会稳定风险网络治理运行机制

因为建设周期长、投资大、技术要求高，受到不确定因素的影响大，尤其是项目参与方众多，且具体参与形式复杂，重大工程项目除具备一般项目的风险特性，即客观性、普遍性、多样性、可测性和随机性外，还具有特殊风险。由于重大工程项目各参与方存在异质性特点，面对环境损害社会稳定风险，各参与方基于自身利益，会做出对自己有利的行为。公共部门通常会综合考虑项目的经济效益和社会效益，衡量项目的合作效益是否大于自行建设效益，而私营部门则更多地追求自身投资收益的增加。一定情况下，私营部门的利己行为会对公共部门所关注的项目的社会效益造成负面影响，造成公共部门和私营部门的冲突，从而增大项目的其他风险，甚至会成为影响项目目标实现的关键因素。鉴于重大工程环境损害社会稳定风险网络治理特征及其风险特性，有必要引入一种能有效协调参与各方利益差异、优化配置网络整体资源的协作理念，建立相互信任、平等沟通和维护监督的网络运行机制，重塑多元主体的治理结构，实现信息共享和资源整合，对项目环境损害社会稳定风险进行合理分配，有效降低风险水平，提升重大工程供给的绩效。重大工程环境损害社会稳定风险网络治理运行机制见图 7－1。

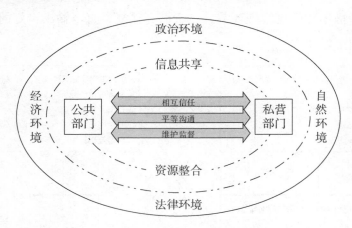

图 7－1　重大工程环境损害社会稳定风险网络治理运行机制图

（2）重大工程环境损害社会稳定风险网络治理分析框架

采用管理学和渐进主义的基本逻辑，将学派繁杂的西方理论进行融合，结合我国实际提炼出初步的重大工程环境损害社会稳定风险网络治理分析框架。该框架由网络描述、网络管理和网络检查三个前后衔接的环节构成，其中网络描述从行动者、行动者之间的关系、网络结构和网络规则四个维度展开，网络管理和网络检查则主要围绕管理者、行动者、联盟关系和网络规则四个方面进行，可以形成一个重大工程环境损害社会稳定风险网络治理的初步分析框架。该框架包含三个环节，每个环节从四个维度进行构建，每个维度下又包含若干要素和行动策略。重大工程环境损害社会稳定风险网络治理的过程从网络描述开始，网络描述的目的是要清晰认知既有的重大工程环境损害社会稳定风险网络。在此基础上，要对重大工程环境损害社会稳定风险网络进行技术性干预，即网络管理。网络管理并不是重大工程环境损害社会稳定风险网络治理的终点，在网络输出效果不理想的情况下还要对重大工程环境损害社会稳定风险网络治理的前两个环节进行检查。最后，网络检查的结果会反馈到网络描述和网络管理环节，三者循环往复，直至输出良好的治理效果，见图 7 – 2。

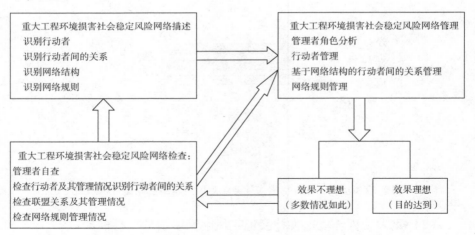

图 7 – 2 重大工程环境损害社会稳定风险网络治理分析框架图

7.2　重大工程环境损害的社会稳定风险多元利益主体治理机制

7.2.1　重大工程环境损害的利益主体冲突治理特征

在重大工程环境损害的情况下出现冲突是必然的，那么如何治理利益主体之间的冲突，让冲突造成的不良影响最小，以实现利益最大化，就是个非常值得探讨的问题。利益相关者之间的冲突源于各方在利益和目标上的追求出现分歧，是一个基于不同行为主体的不同期望，而产生行为或心理的矛盾甚至造成对立的过程。

对重大工程环境损害的利益主体冲突的治理，就是不同利益主体根据环境特征、自身及客体需求等因素，采用一定机制来对利益冲突进行的治理。具体而言，就是政府、市场、社会等利益主体根据具体的制度、环境等因素，采用一定的治理工具与手段，对诉求利益及引发利益冲突的相关因素进行治理的特定形式。

关于重大工程环境损害的利益主体冲突的治理，有以下三个特征。

（1）治理主体的多元性

在治理结构上，传统的自上而下的层级政府管控体系已经逐渐丧失了效果，并且日益模糊了政府与社会的界限、政府组织与非政府组织之间的界限，大数据时代下媒体的作用日益凸显。政府不能再随意控制重大工程环境损害此类公共事务的处理和发展，当地居民、投资企业、施工单位、媒体等关键利益主体都可根据不同的政策议题和利益诉求，参与到治理行动中去。

（2）治理客体的复杂性

重大工程环境损害的相关利益是地方政府及其官员利益、投资企业利益、当地居民利益等利益相关者利益的综合表现，涉及社会、政治、经济和文化等多方面内容，但经济利益是基础。因此，尽管主体的利益冲突看似仅仅与环境问题相关，但其实冲突的内容复杂、形式多样。重大工程环境损害的利益主体冲突集中表现在地方政府的政绩、产业结构的淘汰与升级、投资企业的成本与利润、自然环境的破坏与保护、居民生活环境的破坏与保护等。

（3）治理工具与机制的多样性

现在大约有以下几种治理模式。一是科层制模式，即政府通过行政的、经济的和法律的手段，组织和协调重大工程项目的经济活动，实现冲突的防范和化解；二是社群治理模式，强调网络、互动及伙伴关系的重要性。社群治理重新定义了各参与主体的角色以及决策制定与执行的过程，以便使社群居民达成一种社群意识；三是网络治理模式，强调信任机制、协调机制的培育与构建，主张组织形式的网络化，采用政府、市场、社会等多元力量共同参与的方式。

7.2.2　重大工程环境损害的利益主体冲突治理内容

由7.2.1的分析可以得出，在重大工程环境损害的问题中，利益相关者之间的冲突处理往往需要考虑各方的利益所求，取得相互支持。此外，借助多知识和技术手段，特别是大数据手段的协同，采用行之有效的方法和策略，有针对性地协调项目各个阶段的不同参与方与影响者，对于已经显现的和潜在的冲突，要采取预防、转化、控制、规避等多种措施，尽可能地降低冲突所带来的负面和消极影响。同时，要做好潜在冲突的预判与预防工作，从源头上对冲突进行控制和消除，将隐患所带来的损失控制在最小范围之内，以确保重大工程项目的顺利实施和运行。

（1）冲突处理原则

在重大工程环境损害的利益主体冲突治理过程中，需要遵循下述的基本原则：

1）及时性原则

冲突过程理论认为利益相关者间的冲突演化是"潜在—凸显—爆发"的累积动态过程，如果能在潜在冲突初期发现苗头，及时地采取措施加以控制，就可以有效地避免冲突显现和爆发，从而降低利益相关者在工期、成本和质量方面产生的损失。反之，如果潜在的冲突被忽视或没有被发现，那就有可能会造成冲突加剧或凸显，进而导致冲突累积爆发，这样不仅会增加利益相关者之间沟通成本和交易成本，也会影响到项目的正常实施。因此，在设计重大工程环境损害的利益主体冲突治理机制时，要充分考虑及时性原则。

2）全面性原则

在设计重大工程环境损害的利益主体冲突治理机制时，要做好冲突规划工作，考虑到各种可能发生的冲突情况，并做好相应的预案及冲突处理措施。不仅要对已经显现的冲突问题有相应的处理方案和程序，对潜在的冲突情况也要有相应的解决措施，从而做到冲突预防的全覆盖。如果对冲突情况估计不足，就会导致有些冲突问题无法得到快速有效的解决，这样工程项目发生群体性事件甚至加重社会稳定性风险的可能性就会增加，这将极大地影响社会稳定，也会对重大工程项目的运作产生消极影响。

3）层次性原则

项目利益相关者之间的冲突也有轻重缓急之分，因而在设计相应的冲突处理模型时也要把这种情况考虑进去，根据不同的冲突级别和情况，给予不同的重视程度和处理措施。优先级别高的冲突，一旦发生可能会导致项目整体延误或是关键环节无法进行，对待这类冲突要优先处理；而对于优先级别较低的冲突，对项目或是实施环节产生的影响较小，可以采取操作层面的有效沟通来予以消减。即便是同等重要的冲突问题，也需要对其赋予不同的权重大小，在处理时给以不同重要程度的考虑。

（2）冲突治理机制

冲突主体的利益是对立的，但冲突主体的利益也有一致的地方，利益相关者都希望能够避免两败俱伤，他们都希望至少达成某种协议。在政府的主导下，多元的独立行为主体要素（个人、商业组织、公民组织、政党组织、利益团体等）基于一定的集体行为规则，通过相互博弈、相互调适、共同参与合作等互动关系，形成多样化的冲突治理模式。根据多中心治理的思想，构建重大工程环境损害的利益主体冲突共同治理模式，解决重大工程环境损害利益相关者的利益冲突，应以以下四个方面为基本依据：

1）制定全面合理的利益冲突共同治理协议

重大工程项目利益相关者之间要订立关于环境损害的风险共担和相互合作的利益冲突共同治理协议，包括明确各方的期望和要求、奖惩机制、冲突处理机制及沟通机制等。特别是在 PPP 项目中，需要在政府主导下明确社会投资人、施工单位等在环境问题上的责任与义务，明确具体的奖惩机制。在公众参与方面，政府需给出社会公众对于重大工程环境损害问题明确的沟通机制，制定冲突发生时具体的冲突处理机制。

2）建立利益冲突共同治理的冲突协调机制

项目利益相关者间的冲突是共同治理关系建立过程中的有机组成，引发冲突的原因有信息不对称、沟通路径过长、利益受到侵犯等。共同治理模式关注冲突发生的全过程，需要从识别、估计、评价、处理和反馈等多个环节进行综合管理。项目冲突发生程度和整体绩效水平的实践表明，冲突的存在并不一定仅仅是负面影响，一定程度的合理冲突会使项目整体绩效达到最佳状态。对于共同治理模式与项目环境绩效的综合管理，可以说二者之间是相辅相成，项目环境绩效随着共同治理模式的变化而呈现不同的表现。因此，可以根据冲突程度与环境绩效表现之间关系，确定共同治理模式的冲突控制机制，建立起沟通与信息的有效传递路径，以避免或解决冲突的发生。

3）建立利益冲突共同治理模式的沟通机制

项目利益相关者之间的合作关系是以信任为基础，以有效沟通为纽带而维系的。传统项目的沟通方式主要依据合同条款规定，借助合同语言进行沟通合作，但是参与共同治理的利益主体之间的沟通远超过了合同层面的沟通，更强调项目环境绩效提升和各自协作效益的增加。建立有效的沟通机制就是为了使信息、技术和知识能够有效得到共享，从而使信息的使用和利用效率更高，从而提升整个项目的效率，并强化各参与方的合作精神。通过建立和谐、民主的沟通环境，使得项目各利益相关者能够全面、有效、透明地参与项目决策、实施等各环节的控制与监督工作，共享各自的经验与技能，避免或减少在决策、投资、设计、施工等方面破坏环境的各种不合理的行为，从而实现合作共赢的局面。

4）建立利益冲突共同治理模式的奖惩机制

在政府主导下，对各利益主体制定合理的奖惩措施是非常必要而有意义的，这将会使重大工程项目环境损害的风险得到分担，相关利益得到有效保障，对参与其中的利益主体也会形成有效的制约和激励，从而自觉处理或规避利益冲突的发生。

奖惩措施既包括有形物质方面的，也包括无形方面的，如企业信誉、个人征信等。物质措施的制定要强调其在保障各方正常利益不受损害的前提下，发挥更大的正向激励作用。而无形方面，比如强调企业责任与信誉，通过建立诚信档案和数据库，侧重环境方面的考量，作为评价项目参与人能否承担其他重大工程项目的考评依据，引导利益主体能够摒弃眼前的暂时利益，从长远角度考虑发展的可持续问题。这种奖惩机制的建立要遵循公平、公正、公开的基本原则，通过合理引导建立长效的共同治理模式。

7.2.3 重大工程环境损害的利益主体冲突防范机制

（1）重大工程环境损害的利益主体冲突风险预警机制

重大工程环境损害的利益主体冲突预警机制是在防范重大工程环境损害的利益主体冲突过程中，根据监测和排查得到的相关信息，及时评估利益主体冲突存在的潜在风险，根据评估结果及时响应风险处置预案的行动机制。它包括风险识别机制、风险监测机制和风险评估机制。

值得注意的是，预警机制的参与者不仅包括具有直接参与防范利益冲突的地方政府组成部门和具有公权力的其他部门，同时也包括自治组织、中立第三方、专业评估机构、专业人员（专家）等社会组织，但是地方政府始终居于主导地位。

风险识别机制是指根据已有的重大工程环境损害的利益主体冲突案例，辨别利益主体冲突存在的潜在风险，从而得出重大工程环境损害的利益主体冲突风险判断结果的机制。判断内容主要包括重大工程环境损害的利益主体冲突风险来源、风险类型与风险潜在危害。重大工程环境损害的利益主体冲突风险识别机制是重大工程环境损害的利益主体冲突风险预警机制的最初形式，有效识别利益主体冲突风险是利益主体冲突风险评估和利益主体冲突风险监测的基础和依据，能够为地方政府防范重大工程环境损害的利益主体冲突提供决策依据，可以减少冲突的发生和减轻冲突造成的社会危害。

风险监测机制是指对重大工程环境损害的利益主体冲突风险的重点环节和重点部位动态监测的机制。冲突风险监测主要工作是对重大工程环境损害的利益主体冲突易发生环节和易发部位的冲突风险监测；重大工程环境损害的利益主体冲突矛盾监测是为了排查冲突风险来源和矛盾来源，以便及时采取相应措施，切实消除利益主体冲突发生的隐患；利益主体冲突过程监测是对正在发生的利益主体冲突全程监测，监测结果可以为地方政府处置重大工程环境损害的利益主体冲突提供决策依据。

风险评估机制指识别重大工程环境损害的利益主体冲突风险后，根据利益主体冲突风险评估框架对冲突风险加以评估，得出冲突风险评估报告，进而实施冲突风险防范措施的机制。重大工程环境损害的利益主体冲突风险评估需要对可能发生的冲突类型及其危害加以评估，根据冲突风险评估结果，判断各项指标是否突破冲突风险的临界值，根据判断结果决定是否启动或启动哪级冲突风险预警，以及何时发出或发出哪种冲突风险预警信号。

（2）重大工程环境损害的利益主体矛盾调解机制

重大工程环境损害的利益主体矛盾调解机制是指在地方政府防范利益主体冲突的过程中，能够通过完善利益诉求渠道及时回应利益主体的诉求，从而有效化解重大工程环境损害引发的社会矛盾的机制。重大工程环境损害引发的社会矛盾如不能得到及时识别和化解，就有可能进一步发展，从而引发利益主体冲突。地方政府调解重大工程环境损害引发的社会矛盾不仅可以改善其与发生冲突的利益相关者之间的关系，而且能够有效保障发生冲突的利益相关者的合法权益，避免其采用破坏性方式表达其利益诉求。重大工程环境损害的利益主体矛盾调解机制包括畅通民众利益诉求渠道机制、排查矛盾机制和回应利益诉求机制。

畅通诉求渠道机制指地方政府根据利益主体冲突参与者的利益诉求，完善或畅通参与者诉求渠道的机制。地方政府畅通相关利益主体的利益诉求渠道，有利于地方政府相关部门及时获取利益主体的利益诉求。利益诉求渠道畅通不仅体现在利益诉求渠道的多元化方面，而且也体现在诉求渠道的有效性方面。地方政府应根据利益主体反映的问题，按照部门职责划分加以回应，同时加强相关部门之间信息的沟通交流，避免跨部门之间相互推诿现象的出现。

排查矛盾机制指地方政府防范利益主体冲突过程中，针对环境矛盾频发区域、重点环节、重点人群和频发类型加以排查的机制。重大工程环境损害的社会矛盾排查包括预排查、追踪排查和定期排查等。预排查是重大工程实施前，针对环境损害可能引发的社会矛盾加以排查，排查结果为地方政府防范利益主体冲突提供依据；追踪排查矛盾针对重大工程实施全程的环境损害矛盾加以排查，针对不同阶段存在的环境损害矛盾的动态排查，排查结果为调解矛盾提供依据；定期排查是定期对重点部位和关键环节加以排查。

回应利益诉求机制指地方政府根据利益诉求渠道获得的相关信息，及时回应利益主体利益诉求的机制。通过利益诉求渠道将其利益诉求及时反映给相关部门，环保部门针对合理合法的利益诉求及时回应，而对于无理非法的利益诉求加以制止与解释；同时环保部门应加强利益诉求回访和评价工作，及时完善利益主体的利益诉求机制。

（3）重大工程环境损害的利益主体冲突"第三方"参与机制

重大工程环境损害的利益主体冲突"第三方"参与机制是指地方政府鼓励和引导中立第三方（媒体）参与，作为中间力量缓解可能发生冲突的利益主体的矛盾，从而预防冲突爆发和升级的机制。

首先，积极培育地方政府内部媒体以外的中立第三方，包括传统官方媒体和有资质的自媒体，畅通信息传递和沟通渠道，给予中立第三方必要支持和帮助，以便促进中立第三方参与地方政府防范利益主体冲突实践。其次，鼓励和引导中立第三方参与防范群体性征地冲突。地方政府启动重大工程项目时，中立第三方及时参与项目过程，积极宣传地方政府在重大工程环境方面政策和法规，向民众科普重大工程环境影响，协调地方政府与其他利益相关者之间的关系。征地工作启动后，媒体利用自身信息传递优势，协助地方政府处理冲突苗头性信息和调解重大工程环境损害引发的社会矛盾，进而及时化解潜在的利益冲突。利益冲突发生后，中立第三方积极提供法律援助和构建对话平台，积极引导利益主体通过正式渠道反映其利益诉求，赋予利益相关者平等对话和沟通的权力，客观公正宣传冲突相关信息，协助地方政府积极引导社会舆论，避免冲突升级。

综上，针对重大工程环境损害，多元利益主体之间形成冲突，同时多元利益主体可以根据自身优势特征与利益诉求参与利益冲突治理机制，完整的重大工程环境损害社会稳定风险的多元利益主体治理机制见图7-3。

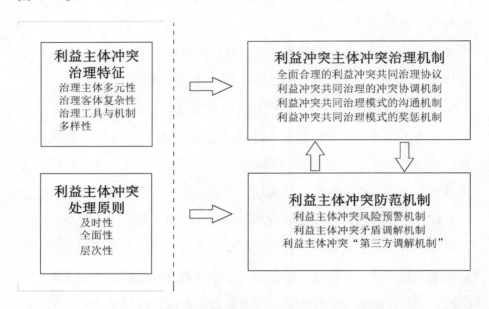

图7-3　重大工程环境损害的多元利益主体治理机制

7.3　重大工程环境损害的社会稳定风险
传播扩散的网络化治理机制

7.3.1　重大工程环境损害的社会稳定风险传播扩散治理特征

重大工程环境损害的社会稳定风险传播扩散治理是一个考虑多元化

关系、协调不同利益相关者的矛盾关系，消减环境损害带来的社会显性及隐形风险的持续化过程。关于重大工程环境损害的社会稳定风险传播扩散治理，具有以下三个特征：

（1）多元化治理

重大工程环境损害的社会稳定风险治理遵循特定的流程，往往在环境损害事件发生并引起一定的社会影响后，由主管的政府部门派调查组或专家群体收集并核实环境损害信息，然后直接通过媒体传达到公众。治理过程必然存在众多相关主体的参与，而随着公民社会、治理理论及第三部门等的兴起，其他非政府主体和人员要求参与环境事件危机管理的意愿也与日俱增。在这个过程中，政府通过多元化的治理机制，实现了重大工程环境风险的有效治理，提升了政府公信力，同时有力地维护公共利益；企业在短期为加强防范化解环境风险而投入更多成本，从长期来看既能节约生产成本，同时也能在风险应对中树立起良好的企业形象；而公民在开放的政治结构中获得了更多利益表达空间，强化了对于重大工程环境风险的认知，同时也满足了自身对于环境利益的合理诉求。多元主体之间的相互合作与共同治理能够得以优势互补，实现各自利益的最大化，这是重大工程环境损害的社会稳定风险治理的根本内在动力。因此，重大工程环境损害的社会稳定风险多元化治理体现在治理主体多元。

（2）协同治理

重大工程环境损害的社会稳定风险治理能力体现为多元主体在风险治理过程中，充分发挥自身掌握的资源来预防、规避、降低以及处理风险的综合素质。这不仅关乎各主体独立应对风险传播扩散的能力，更集中表现在主体之间通力合作以解决社会稳定风险治理中的关键问题和难点。按照风险治理的过程划分，重大工程环境损害的社会稳定风险治理能力涵盖了风险识别与分析、风险评估、风险决策、风险处置行动四方面核心能力。在治理的每一个阶段，都需要在充分认识政府、企业与民众等多元主体能力差异的基础上，进行合理地职责分工与任务安排，达到各尽其能、优势互补的目的和功能，为社会稳定风险识别与分析、评估、决策以及处置等各环节提供有力保障。

近年来，我国社会主义市场经济得到蓬勃发展，市场及民众的社会力量日益壮大。与公共部门相比较，私人部门趋利避害的特性使其对于风险更加敏感且具有更强的弹性和创新意识。一方面，随着市场化改革的不断深入，市场在资源配置中发挥了决定性作用，对于风险的自我调节能力大幅提升；另一方面，社会组织的兴起和公共服务的日趋健全在唤醒民众环保意识的同时，也促进民众更多参与到重大工程项目的决策与社会治理中去，使得民众的自辨能力、组织能力以及专业能力得到一定提升。在这种现实背景下，社会组织、政府部门以及市场力量的积极参与和有效协调，才能提高重大工程环境损害社会稳定风险治理的综合能力，为我国社会稳定风险治理转型提供坚实的基础保障。

（3）持续治理

在重大工程环境损害导致的社会稳定风险传播扩散过程中，由于环境损害无法在短时间内恢复或者消除影响，且与重大工程项目建设紧密相关，波及方面较多，因此风险治理是持续治理过程。政府不仅需要在环境事件爆发时集中控制，更应在环境事件平息后持续对公众进行利益补偿、环保素质教育、矛盾化解等工作。一般在环境损害的突发事件后，政府组织起临时性的危机应对小组处理环境损害的社会稳定风险治理工作，由于这类事件并不常见，管理人员的协调性差、问题处理能力不足、延续性欠缺等易导致风险治理的低效率，使社会稳定风险进一步加剧。因此持续性是环境损害社会稳定风险扩散治理中的重要特征。

7.3.2 重大工程环境损害的社会稳定风险传播扩散治理内容

对于重大工程环境损害的社会稳定风险而言，环境损害一旦发生，信息的传播与扩散不仅使政府的政权受到威胁，还会使公共秩序遭到破坏，给政府和社会公众带来严重后果。因此，在进行重大工程环境损害的社会稳定风险传播扩散治理时，需要结合特定的治理原则构建社会稳定风险治理机制。

（1）社会稳定风险传播扩散的治理原则

建立重大工程环境损害的社会稳定风险传播扩散治理机制，目的是在微观层面从环境损害的风险信息供需方面为风险信息传播有效性提供依据，治理原则体现在以下几个方面：

1）全面性原则

影响重大工程环境损害的社会稳定风险传播有效性的治理因素复杂多样，不同因素之间的相互作用和关联十分复杂。因此，对社会稳定风险传播影响的评估是一个复杂的过程，很难用一两个指标全面地反映出来。评估指标必须能够体现出环境损害的社会稳定风险传播有效性过程与结果、动态与静态的统一，这就需要在考虑社会稳定风险传播过程各影响因素的状况和相互关系的情况下，考虑到各级影响主体来全面、完整地反映社会稳定风险传播的潜在影响并提出治理方案。

2）系统优化原则

系统优化要求治理手段及治理主体的结构形式能够全面系统地作用

于社会稳定风险传播的各个过程和各个方面，从整体的角度来考虑重大工程环境损害的社会稳定风险传播治理。治理体系须层次结构合理，协调统一，比较全面地反映涵盖社会稳定风险传播的全过程。系统优化首先要求尽量避免治理体系过于庞杂，以免使得主体协调难以维系，避免因关注的治理影响因子过少而忽略重要因素，难以实现系统性治理，同时需要遵循最小成本下的最优化治理原则。

3）依法治理原则

法制为公共危机的风险治理提供法律保障。我国强化了突发公共事件的法规建设工作，努力使突发公共事件的治理成为制度化的常态应对局面。例如，针对网络谣言引发社会恐慌的问题，我国已出台《即时通信工具公众信息服务发展管理暂行规定》（2014年）和《最高人民法院关于审理编造、故意传播虚假恐怖信息刑事案件适用法律若干问题的解释》（2013年），对散布网络谣言做出惩处规定。

在重大工程环境损害的社会稳定风险治理中，基层政府应对环境群体事件必须坚持法律的底线，遵循法定的权限、程序和职责，依法行使政府的危机治理权力，做到依法治理、依法用权，否则非但不能处理好风险事件，反而会使社会稳定风险向更严重的方向发展。依法治理原则要求政府部门遇事找法、办事依法、解决问题用法、化解矛盾靠法，在社会稳定风险治理中仍然不脱离法律的约束。

（2）社会稳定风险传播扩散的治理机制

1）完善法律法规，强化依法治理

风险的动态发展必然要求在治理的过程中有一套行之有效的运行机制作为保障，而地方政府面对环境损害引起的社会冲突事件制定的危机应急预案往往标准不一，与实际偏差较大，可操作性不高。虽然国家制定的法律法规都比较宏观，地方政府没有权限予以擅自变更，但是地方政府却可以将这些宏观的法律法规结合自身实际情况进行进一步的细化，制定具体可行的规范性文件，明晰各治理主体在风险治理过程中的职能和责任划分。因此，基层政府应当致力于环境损害社会稳定风险事件治理的法治化、制度化和规范化，进一步完善辖区内重大工程环境治理的政策体系，规定各类风险事件治理的具体程序、治理主体之间的职责和分工、信息共享和发布机制、事件结束后的评估和反馈、法律责任等重要事项。同时，要注重提高环境损害社会稳定风险治理政策体系的执行力，加强对政策执行的监督，避免政策体系流于形式。

2）健全信息平台，加强信息公开

重大工程环境损害的社会稳定风险治理中，健全信息平台旨在通过高效的信息交流渠道，将真实的危机信息在政府及其职能部门之间传递、消化，助力政府部门快速做出反应与决策。在决策环节，要建立包括利益相关者沟通交流的决策机制，强调重大工程环境风险决策平台的开放透明，注重决策信息的对外公开，保障决策过程的科学公正以及决策程序的合法性；在执行环节，则应制定一个分工明确的治理策略，充分保障社会公众的知情权，政府也根据信息的反馈情况进行治理措施的修正完善。注重发挥微信、微博等新媒体平台的作用，同各类社会环保组织、环保媒体联系起来建立环境损害的社会稳定风险治理体系，使得危机治理各主体之间能够互相交换信息，做出科学合理的决策。同时提升信息反馈的时效性，尽量精简信息传递的中间环节，减少信息传播中的干扰和失真，提高信息反馈效率。地方政府在治理社会稳定风险传播时要加大信息公开的力度，提供更为详细、全面、真实的信息。

3）加强政府公信力建设

在重大工程环境损害事件中，公权力直接面临社会监督，违背公共性或违反公平公正都易导致公信力受损。为尽可能降低环境损害事件的不利社会影响，提升风险治理的有效性并提高政府公信力，政府应从以下几个方面做出努力：一是及时向社会公开重大工程的环境损害事件及处理结果，依照法律法规对环境损害事件中的直接责任方进行处罚；二是建立重大工程的环境风险预警与风险处理机制，制定和完善有关环境损害的相关法律体系，并严格落实；三是将环境损害的危机管理作为政府日常管理活动的重要组成部分，建立常设的危机管理机构，实现重大工程中环境损害监测、环境损害预警、社会动员和环境损害处理等管理活动的日常化，及时防范各种环境风险，进而化解由环境损害导致的社会稳定风险。

7.3.3　重大工程环境损害的社会稳定风险传播扩散防范机制

重大工程的环境风险以及由此引发的社会稳定风险具有不确定性，必然要求树立风险的提前防范与预警工作，这是实现社会稳定风险规避的核心与关键。目前我国围绕"绿水青山"的生态协同发展理念，对于重大工程环境影响的重视程度不断提高。但是在由环境影响引发的社会稳定风险防范意识以及相关措施方面还做得远远不够，大多数地方政府依旧侧重于末端治理，忽视前期的风险预警与防范工作。因此，要全面树立风险防范理念，做好重大工程环境损害社会稳定风险的源头治理，需要建立健全多元共同防范机制、社会稳定风险沟通机制和社会稳定风险防范责任机制，见图7-4。

1）完善重大工程环境损害的社会稳定风险多元共同防范机制

重大工程环境损害的社会稳定风险防范与应对，必须跳出传统、单一的政府主导模式，转为从多元治理的角度进行思考和研究，建立重大工程环境损害的社会稳定风险多元共同防范机制。社会稳定风险的多元防范主体包括政府、各级主管部门、媒体平台、社会环保组织、工程的施工与承包方等等，政府作为参与者之一，而不再是风险控制的唯一主体。多元主体共同防范机制实际上是一个风险知识相互补充与完善的过程，政府精于统筹和协调环境损害的社会稳定风险治理过程，市场擅于根据风险最小化原则进行风险资源要素的有效配置，专家学者掌握专业科学的风险理论与治理技术，大众则拥有基于特定风险体验情景之中的"常民知识"。不同主体储备的风险知识存在存量和属性之间的差异，使得彼此之间的互动与沟通能够实现优势互补，促进风险知识的流动。

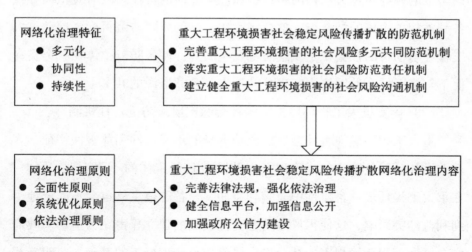

图 7 - 4　重大工程环境损害社会稳定风险的网络化治理机制

在多元共同防范机制下，首先是环境损害社会稳定风险防范的规则问题。政府和公众的关系发生了改变：公众不再是被动的接受者，而成为环境损害社会稳定风险防范与治理的参与者；政府也不再是唯一的决策和管理主体，参与主体变得多元化。其次是防范目标问题，由结果导向转变为了过程导向。风险代表着一种高度的不确定性，对于不确定性的管理是更侧重于过程的控制而非对结果的控制。多元防范机制下的风险治理注重以过程导向的治理，即全过程管理，更有利于从源头化解环境损害的社会稳定风险，并减小风险形成后的社会影响。最后是防范机制问题，在重大工程环境损害的社会稳定风险防范中，各防范主体的权力义务关系必须有合理的界定，才可能形成良性互动，使风险防范体系的构建及运行更加科学有效。

现代的政府颠覆了传统公共目标对项目和人员管理的要求，而是需要通过整合和协调资源创造公共价值。政府需担任社会稳定风险多元共同防范的领导角色，承担网络维护和协调方面的责任。政府应积极寻找各利益相关主体的结合点，整合多元化主体的风险防范目标，推动重大工程环境损害的社会稳定风险防范系统展开，使各防范主体在一个贯穿上下与多元结合的网络中实现公共权力和公共资源的共享。

（2）落实重大工程环境损害的社会稳定风险防范责任机制

重大工程环境损害社会稳定风险本身的不确定性和危害性特征，客观上增加了风险防范的难度以及风险防范责任主体的不明确性。同时，在重大工程环境损害事件中充满利益冲突，各防范主体也会不固定地受到利益冲突影响，这使得风险防范责任机制的建立显得尤为迫切。政府应在重大工程环境损害的社会稳定风险防范合理分工的基础上，明确相关主体的责任与义务，做到强化防范责任意识，建立明晰的社会稳定风险防范责任机制，明确风险管理者在风险防范中的职责所在，并对风险所造成的危害后果承担责任，激励各主体积极参与到社会稳定风险的治理过程中。

具体而言，政府作为重大工程与公共事件风险治理的主导者，应深化内部的风险管理组织机构改革，纵向上建立统筹有力的领导架构，统一精准调配资源，进行风险的预警和预防工作；横向上，加强部门之间的协同合作与跨区域的联动治理，实现对潜在风险与跨区域风险的全面排查。将环境损害的社会稳定风险防范责任进行有效分配，建立多元化、有能力、负责任的治理主体，形成风险防范责任清晰、分工合作、平衡互动的多主体和谐关系。平衡环境损害的社会稳定风险防范决策者和社会稳定风险承担者之间的风险收益分配关系，既要让风险防范决策者承担决策失误的责任，也要让风险承担者因防范决策失误产生损失时获得合理的补偿，使每一个社会稳定风险防范主体都能为自身的决策和行为所可能产生的风险后果承担相应的责任，这是重大工程环境损害的社会稳定风险防范责任机制建立的目的。

合理地将风险防范责任分配到重大工程的承包商、环保部门等相关方面。一方面增强承包商的社会责任意识，另一方面充分利用承包商在工程项目第一线的信息获取优势。选择责任共担时，环保部口是除政府之外最有权威，能稳定控制社会稳定风险的一方，应积极主动协助政府组织承担防范社会稳定风险的责任。媒体和公众也应积极广泛地参与到环境损害的社会稳定风险防范中去，增强对环境保护与工程项目环境影响的科学认识与宣传，明确自身的社会责任。政府在确立各防范主体的责任过程中，应适当保持空间，保证政府自身对社会稳定风险防范的实际控制力。

（3）建立健全重大工程环境损害的社会稳定风险沟通机制

利益表达渠道不畅、信息严重不对称是引发重大工程环境损害社会稳定风险的关键因素，而畅通的利益表达与信息沟通渠道则是化解不同利益主体之间矛盾和社会稳定风险传播的有效途径。它能够提供一种常规途径，使环境损害中的多元化利益主体充分反映自身利益诉求，及时发现矛盾和问题；同时，畅通的利益表达渠道也能够提供一种机会使利益主体的各种不满和对立情绪得到释放和缓解，避免由重大工程环境损害导致的社会矛盾和负面情绪不断积累而酝酿成潜在的社会冲突。

常见的风险沟通渠道可通过改革现有的信访制度、发挥新媒体的利益表达功能等实现，而这些渠道远远不能满足公众在突发环境损害时的诉求需要，因此，必须拓展更多的风险沟通渠道。首先，积极培育、发展一批具有社会公信力的民间组织，使之成为沟通政府与人民群众的纽带和桥梁。例如，在浙江乐清事件中，独立的民间组织在群众利益表达方面发挥了积极作用。其次，充分利用现代互联网的大数据与云计算技术，通过信息检索或监测风险敏感词汇，第一时间获取环境损害的风险信息并加以分析应对。

在公众与重大工程所在政府的信息沟通平台完全搭建后，风险沟通又是一个涉及多元主体和多项环节的复杂过程，需要各方面相互协调与合作才能完成，也是政府部门与大众传媒、受环境损害影响群体和普通公众之间进行良性互动的基础和前提。风险沟通机制的良好运行前提是政府行政决策机制的健全和完善，也就是政府的任何一项重大行政决策都必须遵循应用的程序，使得政府决策过程更加透明、科学和公众可参与。另外，在涉及重大工程环境损害事件的处置过程中，一方面要完善信息发布和风险信息公开可查询机制，另一方面要构建政府和公众之间的信息交换、信息共享机制，疏导民众的心理恐慌，杜绝谣言和信任危机的出现。

参考文献

［1］ WAHLBERG A, SJOBERG L. Risk perception and the media ［J］. Journal of Risk Research, 2000, 3 （1）: 31 – 50.

［2］ ARAL S, VAN ALSTYNE M. The diversity – bandwidth trade – off ［J］. American Journal of Sociology, 2011, 117 （1）: 90 – 171.

［3］ BARNES J A. Class and committees in a Norwegian island parish ［M］. New York: Plenum, 1954.

［4］ BECK U. Risikogesellschaft: Auf dem Weg in eine andere Moderne ［M］. Frankfurt am Main: Suhrkamp, 1986.

［5］ BECK U. Risk society: Towards a new modernity ［M］. Thousand Oaks, CA: Sage, 1992.

［6］ BENNETT G. Dilemmas: coping with environmental problems ［M］. London: Routledge, 2019.

［7］ BENNETT W L, IYENGAR S. A new era of minimal effects? The changing foundations of political communication ［J］. Journal of Communication, 2008, 58 （4）: 707 – 731.

［8］ BERGER J, MILKMAN K L. What makes online content viral?

[J] . Journal of marketing research, 2012, 49 (2): 192 – 205.

[9] BINDER A R, CACCIATORE M A, SCHEUFELE D A, et al. The role of news media in the social amplification of risk [M] //Cho H, Reimer T. The SAGE handbook of risk communication (vol. 69) . Thousand Oaks, CA: Sage, 2014.

[10] BINDER A R, SCHEUFELE D A, BROSSARD D, et al. Interpersonal amplification of risk? Citizen discussions and their impact on perceptions of risks and benefits of a biological research facility [J] . Risk Analysis, 2011, 31 (2), 324 – 334.

[11] BOSCH – REKVELDT M, JONGKIND Y, MOOI H. Grasping project complexity in large engineering projects: The TOE (Technical, Organizational and Environmental) framework [J] . International Journal of Project Management, 2011, 29 (6): 728 – 739.

[12] BUCHER H J. Crisis communication and the Internet: Risk and trust in a global media [J] . First Monday, 2002, 4 (7): 1 – 15.

[13] CACCIATORE M A, SCHEUFELE D A, IYENGAR S. The end of framing as we know it... and the future of media effects [J] . Mass Communication and Society, 2016, 19 (1), 7 – 23.

[14] CARPENTER S L, KENNEDY W J D. Environmental Conflict Management: New Ways to Solve Problems [J] . Mountain Research and Development, 1981 (1), 65 – 70.

[15] CIOC M. The Rhine: An Eco – Biography, 1815 – 2000 [M]. Seattle: University of Washington Press, 2009.

[16] DE GROOT. R. S, WILSON M A, BOUMANS R M J. A typology

for the classification, description, and valuation of ecosystem functions, goods and services [J] . Ecological Economics, 2002, 41 (3): 393 – 408.

[17] DERISSEN S, QUAAS M F, BAUMG? RTNER S. The relationship between resilience and sustainability of ecological – economic systems [J] . Ecological Economics, 2011, 70 (6): 1121 – 1128.

[18] ZHONG Y, WU P. Economic sustainability, environmental sustainability andconstructability indicators related to concrete – and steel – projects [J] . Journal of Cleaner Production, 2015, 108: 748 – 756.

[19] FELLENOR J, BARNETT J, POTTER C, et al. The social amplification of risk on Twitter: The case of ash dieback disease in the United Kingdom [J] . Journal of Risk Research, 2018 (10): 1163 – 1183.

[20] FOLKE C. Resilience: The emergence of a perspective for social-ecological systems analyses [J] . Global environmental change, 2006, 16 (3): 253 – 267.

[21] GEOFFREY E P. Water allocation to protect river ecosystems [J]. Regulated rivers: Research & management, 1996, 12 (12) : 353 – 365.

[22] GONZáLEZ – BAILóN S. Decoding the social world: Data science and the unintended consequences of communication [M] . Cambridge, MA: MIT Press, 2017.

[23] GU S, WANG S J. Research of Carbon Financial Risk Early Warning Model Based on SVM [J] . East China Economic Management, 2019, 33 (03): 179 – 184.

[24] GUNDERSON L H. Ecological resilience – in theory and application [J] . Annual Review of Ecology and Systematics, 2000, 31 (1): 425 – 439.

[25] MOAT H S J, PREIS T, OLIVOLA C Y, et al. Using big data to predict collective behavior in the real world [J] . Behavioral & Brain Sciences, 2014, 37 (1): 92 – 93.

[26] HARRIS P J, HARRIS E, THOMPSON S, et al. Human health and wellbeing in environmental impact assessment in New South Wales, Australia: Auditing health impacts within environmental assessments of major projects [J] . Environmental Impact Assessment Review, 2009, 29 (5): 310 – 318.

[27] Hart P S, Nisbet E C, Shanahan J E. Environmental values and the social amplification of risk: An examination of how environmental values and media use influence predispositions for public engagement in wildlife management decision making [J] . Society & Natural Resources, 2011, 24 (3), 276 – 291.

[28] HEPP A, KROTZ F. What Effect do Media Have? Mediatization and Process of Social Cultural Change [D] . San Francisco: Paper presented at ICA conference, 2007.

[29] HOCHREITER S, SCHMIDHUBER J. Long short – term memory [J] . Neural Computation, 1997, 9 (8), 1735 – 1780.

[30] HOLLING C S. Resilience and stability of ecological systems [J]. Annual Review of Ecology and Systematic, 1973, 4 (1): 1 – 23.

[31] HOMER – DIXON T F, BOUTWELL J H, RATHJENS G

W. Environmental change and violent conflict [J] . Scientific American, 1993, 268 (2): 38.

[32] JAMES F, BURNS J W, MERTZ C K, et al. Trust as a Determinant of Opposition to a High – level Radioactive Waste Repository: Analysis of a Structural Model [J] . Risk Analysis, 1992, 12 (3): 417 – 429.

[33] BRADFIELD J, CARDINALE C. Large Sample Size, Wide Variant Spectrum, and Advanced Machine – Learning Technique Boost Risk Prediction for Inflammatory Bowel Disease [J] . American Journal of Human Genetics, 2013, 92 (6): 1008 – 1012.

[34] BARNETT J, GLYNIS M, BREAKWELL. The social amplification of risk and the hazard sequence: the October 1995 oral contraceptive pill scare [J] . Health, Risk & Society, 2003, 5 (3): 301 – 313.

[35] KASPERSON R, GOLDING D, TULER P. Social Distrust as A Factor in Siting Hazardous Facilities and Communicating risks [J] . Journal of Social Issues, 1992, 48 (1): 161 – 187.

[36] KIM K H, CHOI J W, LEE E, et al. A study on the risk perception of light pollution and the process of social amplification of risk in Korea [J] . Environmental Science and Pollution Research, 2015, 22 (10): 7612 – 7621.

[37] KIMMEL A J. Rumors and rumor control: A manager's guide to understanding and combatting rumors [M] . London : Routledge, 2013.

[38] KNAPP R H. A psychology of rumor [J] . Public Opinion Quarterly, 1944, 8 (1): 22 – 37.

[39] KRUPPA J, ZIEGLER A, K? NIG I R. Risk estimation and risk

prediction using machine – learning methods ［J］. Human Genetics, 2012, 131 (10): 1639 – 1654.

［40］KUHAR S E, NIERENBERG K, KIRKPATRICK B. Public perceptions of florida red tide risks ［J］. Risk Analy – sis, 2009, 29 (7): 963 – 969.

［41］LEISTRIZ L F, MURDUCK S H. The Socioeconomic Impact of Resource Development: Method for Assessment ［M］. Boulder, Colorado: Westview Press, 1981.

［42］LEWONTIN R C, COHEN D. On population growth in a randomly varying environment ［J］. Proceedings of the National Academy of Sciences, 1969, 62 (4): 1056 – 1060.

［43］Liu Z Z, Zhu Z W, Wang H J, et al. Handling social risks in government – driven mega project: an empirical case study from west china ［J］. International Journal of Project Management, 2016, 34 (2): 202 – 218.

［44］LI X. An interplay model for official information and rumor spreading with impulsive effects ［J］. Advances in Difference Equations, 2019 (1): 164.

［45］MALIK S, FATIMA F, IMRAN A, et al. Improved project control for sustainable development of construction sector to reduce environment risks ［J］. Journal of Cleaner Production, 2019 (240): 118 – 214.

［46］MATHIAS D L, MATTENBERGER C J, GO S. Engineering Risk Assessment of a dynamic space propulsion system benchmark problem ［J］. Reliability Engineering & System Safety, 2016 (15): 316 – 328.

［47］ CARPENTER S L, KENNEDY W J D. Environmental conflict management ［J］. Environ. Prof, 1980, 2 (1): 67 – 74.

［48］ MILES B, MORSE S. The role of news media in natural disaster risk and recovery ［J］. Cological Economics, 2007 (63): 365 – 373.

［49］ MONDAL T, PRAMANIK P, INDRAJIT B. Analysis and Early Detection of Rumors in a Post Disaster Scenario ［J］. Information Systems Frontiers, 2018, 20 (5): 961 – 979.

［50］ Moussa? d M, Brighton H, Gaissmaier W. The amplification of risk in experimental diffusion chains ［J］. Proceedings of the National Academy of Sciences, 2015, 112 (18), 5631 – 5636.

［51］ NORDEN N, CHAZDON R L, CHAO A, et al. Resilience of tropical rain forests: Tree community reassembly in secondary forests ［J］. Ecology Letters, 2009, 12 (5): 385 – 394.

［52］ PERZ S G, MU? OZ – CARPENA R, KIKER G, et al. Evaluating ecological resilience with global sensitivity and uncertainty analysis ［J］. Ecological Modelling, 2013 (263): 174 – 186.

［53］ PIDGEON N, KASPERSON R E, SLOVIC P. The social amplification of risk ［M］. Cambridge : Cambridge University Press, 2003.

［54］ SHI Q, ZUO J, HUANG R, et al. Identifying the critical factors for green construction – an empirical study in China ［J］. Habitat International, 2013 (40): 1 – 8.

［55］ RAUPP J. Social agents and news media as risk amplifiers: A case study on the public debate about the E. coli outbreak in Germany 2011 ［J］. Health, Risk & Society, 2014, 16 (6), 565 – 579.

[56] RENN O. Risk communication and the social amplification of risk communicating risks to the public [M] . Berlin/New York: Springer, 1991: 287 - 324.

[57] RENN O, BURNS W J, KASPERSON J X, et al. The social amplification of risk: Theoretical foundations and empirical applications [J]. Journal of Social Issues, 1992, 48 (4), 137 - 160.

[58] ROSENZWEIG M L. Paradox of enrichment: destabilization of exploitation ecosystems in ecological time [J] . Science, 1971, 171 (3969): 385 - 387.

[59] ROSNOW R L. Inside rumor: A personal journey [J]. American Psychologist, 1991, 46 (5): 484.

[60] RUDIN C, SHAPOSHNIK Y. Globally - Consistent Rule - Based Summary - Explanations for Machine Learning Models: Application to Credit-Risk Evaluation [J] . Social Science Electronic Publishing, 2019, 7 (12): 1 - 19.

[61] SASAKI T, FURUKAWA T, IWASAKI Y. Perspectives for ecosystem management based on ecosystem resilience and ecological thresholds against multiple and stochastic disturbances [J] . Ecological Indicators, 2015 (57): 395 - 408.

[62] SCOTT A J. The cultural economy of cities: essays on the geography of image - producing industries [M] . Thousand Oaks, CA: Sage, 2000.

[63] SHI Q, LIU Y, ZUO J. On the management of social risks of hydraulic infrastructure projects in China: A case study [J] . International

Journal of Project Management, 2015, 33 (3): 483 – 496.

[64] LIBISZEWSKI S. What is Environmental Conflict? [R] . Zurich: Center for Security Studies (CSS), ETH Zurich, 2009.

[65] TAKEDA A, KANAMORI T. Using financial risk measures for analyzing generalization performance of machine learning models [J] . Neural Networks, 2014 (57): 29 – 38.

[66] KASPERSON R E, RENN O, SLOVIC P, et al. The social amplification of risk: A conceptual framework. Risk Analysis, 1988 (2): 177 – 187.

[67] VANNOTE R L. The river continuum concept [J] . Canadian Journal of Fisheries and Aquatic Sciences, 1980, (37): 130 – 137.

[68] VOSOUGHI S, ROY D, ARAL S. The spread of true and false news online [J] . Science, 2018, 359 (6380): 1146 – 1151.

[69] WANG H, DENG L, XIE F. A new rumor propagation model on SNS structure [D] . Hangzhou: 2012 IEEE International Conference on Granular Computing, 2012.

[70] WANG T, WANG S, ZHANG L, et al. A major infrastructure risk – assessment framework: Application to a cross – sea route project in China [J] . International Journal of Project Management, 2016, 34 (7): 1403 – 1415.

[71] WASSERMAN S, FAUST K. Social network analysis: Methods and applications [M] . Cambridge: Cambridge university press, 1994.

[72] WELLMAN B, SALAFF J, DIMITROVA D. Computer networks as social networks: Collaborative work, telework, and virtual community

[J] . Annual review of sociology, 1996 (1): 213 – 218.

[73] YEOM S, GIACOMELLI I, FREDRIKSON M, et al. Privacy Risk in Machine Learning: Analyzing the Connection to Overfitting [R] . Oxford: 2018 IEEE 31st Computer Security Foundations Symposium (CSF), 2018.

[74] Zhang L, Xu L, Zhang W. Social media as amplification station: Factors that influence the speed of online public response to health emergencies [J] . Asian Journal of Communication, 2017, 27 (3), 322 – 338.

[75] Zheng C Y, Xia C Y, Guo Q T. Interplay between SIR – based disease spreading and awareness based disease spreading and awareness diffusion on multiplex networks [J] . Journal of Parallel and Distributed Computing, 2018 (115): 20 – 28.

[76]? IDONIEN? S, KRUOPIEN? J. Life Cycle Assessment in environmental impact assessments of industrial projects: towards the improvement [J] . Journal of Cleaner Production, 2015 (106): 533 – 540.

[77] MCELROY B, MILLS C. Managing stakeholders [M] . Aldershot: In Gower Handbook of Project Management, 2000.

[78] YANG R J. An investigation of stakeholder analysis in urban development projects: Empirical or rationalistic perspectives [J] . Project Management, 2014 (32): 838 – 849.

[79] ROBINS G, ALEXANDER M. Small worlds among interlocking directors: Network structure and distance in bipartite graphs [J] . Computational & Mathematical Organization Theory, 2004 (10): 69 – 94.

[80] KIM S C, JEONG Y S, PARK S O. Rfid – based indoor location

tracking to ensure the safety of the elderly in smart home environments ［J］

. Personal and Ubiquitous Computing, 2013（17）：1699－1707.

［81］PRELL C, HUBACE K, REED M. Stakeholder analysis and so-
cial network analysis in natural resource management ［J］. Society & Natural
Resources, 2009（22）：501－518.

［82］白利. 基于全寿命周期的水利工程项目利益相关者分类管理
探析 ［J］. 建筑经济, 2009（A1）：98－100.

［83］鲍宗豪, 宋贵伦. 大数据对社会治理带来的冲击与变革
［J］. 决策探索（下半月）, 2014（6）：12－14.

［84］毕天云. 论社会冲突的根源 ［J］. 云南师范大学学报（哲学
社会科学版）, 2000（5）：001.

［85］蔡立辉, 杨欣蓊. 大数据在社会舆情监测与决策制定中的应
用研究 ［J］. 行政论坛, 2015（2）：1－10.

［86］曾繁旭, 戴佳, 王宇琦. 技术风险 VS 感知风险：传播过程
与风险社会放大 ［J］. 现代传播（中国传媒大学学报）, 2015, 37
（3）：40－46.

［87］柴西龙, 孔令辉, 海热提, 等. 建设项目环境影响评价公众
参与模式研究 ［J］. 中国人口资源与环境, 2005（6）：118－121.

［88］陈虹, 潘玉. 从话语到行动：环境传播多元主体协同治理新
模式 ［J］. 新闻记者, 2018（02）：90－94.

［89］陈夏威, 王博远, 岑应健, 等. 基于机器学习的食品安全风
险预警研究现状与展望 ［J］. 医学信息学杂志, 2019, 40（03）：
60－65.

［90］戴眉眉, 楚岩枫. 基于复杂网络的产业链风险传播研究综述

[J] . 工业技术经济, 2011 (9): 14-19.

[91] 戴宇辰 . "旧相识"和"新重逢": 行动者网络理论与媒介(化)研究的未来——一个理论史视角 [J] . 国际新闻界, 2019, 41 (04): 68-88.

[92] 邓丽, 李政霖, 华坚 . 基于系统动力学的重大水利工程项目社会经济生态交织影响研究 [J] . 水利经济, 2017 (4): 16-23.

[93] 丁学君 . 基于 SIR 的 SNS 网络舆情话题传播模型研究 [J] . 计算机仿真, 2015 (1): 241-247.

[94] 董哲仁 . 生态水工学——人与自然和谐的工程学 [J] . 水利水电技术, 2003, 34 (1): 14-25.

[95] 杜建华 . 风险传播视域下舆论安全及其治理——对大众传媒建构舆论安全的考察 [J] . 西南民族大学学报: 人文社会科学版, 2012 (7): 143-149.

[96] 范如国 . 复杂网络结构范型下的社会治理协同创新 [J] . 中国社会科学, 2014 (4): 6.

[97] 方子云 . 流域开发生态建设发展战略 [J] . 生态学杂志, 1990 (4): 41-44.

[98] 高宾, 王兰成 . 网络衍生舆情的传播模型及分析方法研究 [J] . 情报理论与实践, 2019, 42 (3): 165-170.

[99] 龚文娟 . 环境风险沟通中的公众参与和系统信任 [J] . 社会学研究, 2016, 31 (3): 47-72.

[100] 郭长宝, 张永双, 王涛, 等 . 南北活动构造带中段地质灾害与重大工程地质问题概论 [J] . 地质力学学报, 2017, 23 (05): 707-722.

［101］何旭东. 基于利益相关者理论的工程项目主体行为风险管理研究［D］. 徐州：中国矿业大学，2011.

［102］洪开荣，黄启斌. 互动公平理念下的大型工业建设项目征地拆迁社会稳定风险因素分析［J］. 系统工程，2018，36（7）：154－158.

［103］洪巍，王虎. 基于SIRT的网络谣言传播演化模型的研究［J］. 现代情报，2017，37（6）：36－42.

［104］侯俊东，肖人彬. 网络群体性事件中政府公信力的演变：一个多案例的研究发现［J］. 管理评论，2017，29（10）：258－272.

［105］胡美灵，肖建华. 农村环境群体性事件与治理［J］. 求索，2008（12）：63－65.

［106］胡志浩，李晓花. 复杂金融网络中的风险传染与救助策略——基于中国金融无标度网络上的SIRS模型［J］. 财贸经济，2017，38（4）：101－114.

［107］华智亚. 风险沟通与风险型环境群体性事件的应对［J］. 人文杂志，2014（5）：97－108.

［108］黄德春，陈陆滢. 大型工程项目建设中政府寻租行为分析及其对策［J］. 求索，2012（10）：205－207.

［109］黄德春，马海良，徐敏. 重大水利工程项目社会风险的牛鞭效应［J］. 中国人口资源与环境，2012，22（11）：95－100.

［110］黄德春，张长征，徐敏. 重大水利工程社会稳定风险研究［J］. 中国人口资源与环境，2013，23（4）：89－95.

［111］黄德春. 投资项目后评价［M］. 南京：河海大学，2004.

［112］黄震，张桂蓉. 居民对垃圾焚烧发电项目风险感知的影响

因素研究——基于 H 省 J 市垃圾焚烧发电项目的实证分析 [J]. 行政论坛, 2019, 26 (1): 86 - 92.

[113] 姜金贵, 付棣, 张鹏飞. 群体事件诱发因素及其关联关系研究——基于扎根理论与结构方程模型视角的实证分析 [J]. 中国管理科学, 2014, 22 (A1): 705 - 711.

[114] 姜胜洪, 殷俊. 论微传播时代政府公信力的提升途径 [J]. 重庆工商大学学报 (社会科学版), 2014, 31 (3): 19 - 24.

[115] 李刚. 供应链风险传导机理研究 [J]. 中国流通经济, 2011, 25 (1): 41 - 44.

[116] 李鹏, 李文慧. 灾害天气型关联性风险的政务信息扩散网络研究 [J]. 中国行政管理, 2018 (2): 114 - 119.

[117] 李伟权, 谢景. 社会冲突视角下环境群体性事件参与群体行为演变分析 [J]. 理论探讨, 2015 (3): 158 - 162.

[118] 刘德海. 环境污染群体性突发事件的协同演化机制——基于信息传播和权利博弈的视角 [J]. 公共管理学报, 2013, 10 (4): 102 - 113, 142.

[119] 刘德海, 赵宁, 邹华伟. 环境污染群体性事件政府应急策略的多周期声誉效应模型 [J]. 管理评论, 2018, 30 (9): 239 - 245.

[120] 刘慧君, 李树茁. 性别失衡风险的社会放大与政府危机应对: 一个分析模型 [J]. 中国行政管理, 2010 (12): 108 - 113.

[121] 刘克斌. 农村生态文明与社会稳定: 以农村环境纠纷为视角 [J]. 农村经济, 2012 (12): 6 - 8.

[122] 刘玮. 社会风险媒介化传播的反思 [J]. 现代传播 (中国传媒大学学报), 2013, 35 (11): 163 - 164.

[123] 刘晓亮, 张广利. 从环境风险到群体性事件: 一种 "风险的社会放大" 现象解析 [J]. 湖北社会科学, 2013 (12): 20 - 23.

[124] 刘小平, 田晓颖. 媒体微博的社会网络结构及其影响力分析 [J]. 情报科学, 2018, 36 (1): 96 - 101, 123.

[125] 刘轶. 社会化媒介场域中的网络舆情信息生成与传播 [J]. 情报科学, 2015, 33 (3): 50 - 55.

[126] 刘泽照, 朱正威. 大数据平台下的社会稳定风险评估: 研究前瞻与应用挑战 [J]. 华东理工大学学报 (社会科学版), 2015 (1): 78 - 85.

[127] 鲁春霞, 贾慧兰, 于云江. 输油气管道工程对资源与环境损害的经济评估——以陕 - 甘天然气输气管道为例 [J]. 资源科学, 2000 (6): 67 - 70.

[128] 马凌. 风险社会语境下的新闻自由与政府责任 [J]. 南京社会科学, 2011 (6): 37 - 43.

[129] 马文慧. 自媒体时代传统文化与高校德育工作的融合路径研究 [J]. 智库时代, 2019 (27): 117, 126.

[130] 穆从如, 杨勤业, 刘雪华. 环境冲突分析研究及其地理学内涵 [J]. 地理学报, 1998, 53 (12): 186 - 192.

[131] 潘华, 李永奎. 基于社会网络分析视角的大型复杂工程项目组织研究 [J]. 科技管理研究, 2013 (20): 214 - 217.

[132] 潘华. 大数据时代社会治理创新对策 [J]. 宏观经济管理, 2014 (11): 34 - 36.

[133] 邱鸿峰, 熊慧. 环境风险社会放大的组织传播机制: 回顾东山 PX 事件 [J]. 新闻与传播研究, 2015 (5): 46 - 57.

[134] 宋林飞. 中国社会风险预警系统的设计与运行 [J]. 东南大学学报 (社会科学版), 1999, 1 (1): 71.

[135] 隋岩, 李燕. 从谣言、流言的扩散机制看传播的风险 [J]. 新闻大学, 2012 (1): 73 - 79.

[136] 孙元明. 三峡库区"后移民时期"若干重大社会问题分析——区域性社会问题凸显的原因及对策建议 [J]. 中国软科学, 2011 (6): 24 - 33.

[137] 谭爽, 胡象明. 大数据视角下重大项目社会稳定风险评估的困境突破与系统构建 [J]. 电子政务, 2014 (6): 2 - 9.

[138] 田军, 邹沁, 汪应洛. 政府应急管理能力成熟度评估研究 [J]. 管理科学学报, 2014, 17 (11): 97 - 108.

[139] 童星, 张海波. 群体性突发事件及其治理——社会风险与公共危机综合分析框架下的再考量 [J]. 学术界, 2008 (2): 35 - 45.

[140] 汪大海, 何立军, 玛尔哈巴·肖开提. 社会网络媒介化: 群体性事件生成机理研究的新视角 [J]. 中国行政管理, 2012, (6): 71 - 75.

[141] 王刚, 张霞飞. 风险的社会放大分析框架下沿海核电"去污名化"研究 [J]. 中国行政管理, 2017 (3): 119 - 125.

[142] 王洋. 社会网络视角下的危机传播机理与治理 [D]. 哈尔滨: 哈尔滨工业大学, 2011.

[143] 王莹. 社会公共安全治理多主体有效协同的障碍与对策——以启东"7·28 反排污项目"事件为例 [J]. 管理观察, 2018 (31): 86 - 89.

[144] 王治莹, 李勇建. 政府干预下突发事件舆情传播规律与控

制决策 [J] . 管理科学学报, 2017, 20 (2): 43-52, 62.

[145] 王自高, 何伟. 水电水利工程地质灾害问题分类 [J] . 地质灾害与环境保护, 2011, 22 (4): 35-40.

[146] 伍法权, 兰恒星. 国际工程地质与环境研究现状及前沿——第十二届国际工程地质大会 (IAEG XⅡ) 综述 [J] . 工程地质学报, 2016, 24 (1): 116-129.

[147] 向鹏成, 罗玉苹. 重大工程项目建设的社会稳定风险传导机理研究 [J] . 世界科技研究与发展, 2014, 36 (4): 420-425.

[148] 辛方坤. 邻避风险社会放大过程中的政府信任: 从流失到重构 [J] . 中国行政管理, 2018 (8): 126-131.

[149] 熊茵, 江山, 邢若南. 微信舆情的传播特征、机制及引导构想 [J] . 情报科学, 2018, 36 (11): 54-60.

[150] 薛澜, 董秀海. 基于委托代理模型的环境治理公众参与研究 [J] . 中国人口资源与环境, 2010, 20 (10): 48-54.

[151] 闫海明, 战金艳, 张韬. 生态系统恢复力研究进展综述 [J] . 地理科学进展, 2012, 31 (3): 303-314.

[152] 严燕, 刘祖云. 风险社会理论范式下中国 "环境冲突" 问题及其协同治理 [J] . 南京师大学报 (社会科学版), 2014 (3): 31-41.

[153] 杨朝飞. 我国环境法律制度和环境保护若干问题——十一届全国人大常委会专题讲座第二十九讲 [EB/OL] . 中国人大网, 2012-11-23.

[154] 杨永军, 张彩霞. 转型期社会舆情的传播规律与特征 [J] . 山东社会科学, 2012 (12): 20.

[155] 姚洪兴，孔垂青，周凤燕，等. 基于复杂网络的企业间风险传播模型 [J]. 统计与决策，2015 (15)：185 – 188.

[156] 于建嵘. 当前我国群体性事件的主要类型及其基本特征 [J]. 中国政法大学学报，2009 (6)：114 – 120, 160.

[157] 于震红，寇忠，关洪超. 海外油气管道运营模式探讨与案例分析 [J]. 国际石油经济，2011, 19 (9)：74 – 77, 111.

[158] 张保伟. 利益、价值与认知视域下的环境冲突及其伦理调适 [J]. 中国人口资源与环境，2013, 23 (8)：154 – 159.

[159] 张宏邦. 食品安全风险传播与协同治理研究——以 2007 – 2016 年媒体曝光事件为对象 [J]. 情报杂志，2017, 36 (12)：58 – 62, 33.

[160] 张长征，黄德春，华坚. 基于自组织理论的重大水利工程建设的社会系统稳定性研究 [J]. 中国人口资源与环境，2012, 22 (11)：109 – 115.

[161] 张长征，黄德春，华坚. 重大水利工程建设的社会稳定风险评估 [M]. 北京：清华大学出版社，2013.

[162] 张长征，黄德春，王波. 重大水利工程环境损害的社会稳定风险评价研究述评 [J]. 河海大学学报：哲学社会科学版，2013, 15 (4)：54 – 57.

[163] 赵闯，黄粹. 环境冲突与集群行为——环境群体性冲突的社会政治分析 [J]. 中国地质大学学报（社会科学版），2014 (5)：86 – 92.

[164] 赵剑华，万克文. 基于信息传播模型 – SIR 传染病模型的社交网络舆情传播动力学模型研究 [J]. 情报科学，2017, 35 (12)：

34 – 38.

[165] 钟书华. 绿色冲突：形式，特点及对策 [J]. 科学学研究，2001, 19 (1)：45 – 49.

[166] 周解，何安尤. 大坝与救鱼的论争 [J]. 广西水产科技，2004 (2)：161 – 164.

[167] 周志方. 基于支持向量机的重污染工业企业碳风险预警研究 [J]. 环境污染与防治，2016, 38 (1)：82 – 89.

[168] 庄亚明，余海林. 群体性突发事件信息传播网络特性研究——以抢蜡烛事件为例 [J]. 情报杂志，2013, 32 (7)：37 – 42.

[169] 贾倩，黄蕾，袁增伟等. 石化企业突发环境风险评价与分级方法研究 [J]. 环境科学学报，2010 (7)：1510 – 1517.

[170] 曹峰，邵东珂，王展硕. 重大工程项目社会稳定风险评估与社会支持度分析——基于某天然气输气管道重大工程的问卷调查 [J]. 国家行政学院学报，2013 (6)：91 – 95.

[171] 张广文，胡象明，周竞赛. 基于社会资本视角的敏感性工程社会冲突成因及其治理路径 [J]. 城市发展研究，2017 (4)：87 – 91.

[172] 王歌，何清华，杨德磊，等. 制度压力、环境公民行为与环境管理绩效：基于中国重大工程的实证研究 [J]. 系统管理学报，2018 (1)：118 – 128.

[173] 何艳玲. "中国式"邻避冲突：基于事件的分析 [J]. 开放时代，2009 (12)：102 – 114.

[174] 余伟萍，祖旭，孟彦君. 重大工程环境污染的社会风险诱因与管理机制构建——基于项目全寿命周期视角 [J]. 吉林大学社会

科学学报，2016（7）：38 – 46.

[175] 孙蕾，孙绍荣.重大工程引发的利益冲突与治理机制研究[J].管理工程学报，2016（1）：34 – 42.

[176] 丁荣贵，高航，张宁.项目治理相关概念辨析[J].山东大学学报（哲学社会科学版），2013（2）：132 – 142.

[177] 孙华.基于网络结构的项目利益相关方角色划分[J].东岳论丛，2011（8）：164 – 168.

[178] 朱德米，平辉艳.环境风险转变为社会风险的演化机制及其应对[J].南京社会科学，2013（7）：57 – 63.

[179] 杨畅.当代中国政府公信力评估指标体系构建探析[J].中国行政管理，2013（7）：49 – 51.

[180] 姜涛，赵文龙，边卫军.地方政府公信力评价指标体系构建[J].统计与决策，2019（7）：46 – 49.

[181] 辛方坤.基于风险社会放大框架理论的邻避舆情传播[J].情报杂志，2018（3）：116 – 121.

[182] 李鹏，李文慧.灾害天气型关联性风险的政务信息扩散网络研究[J].中国行政管理，2018（2）：114 – 119.

[183] 向鹏成，张寒冰.重大环境风险型工程项目社会稳定风险的演化机理及防范举措[J].理论导刊，2016（3）：12 – 15.

附录材料

一、重大工程环境损害利益主体关系调查问卷

您好！首先感谢您能抽出宝贵的时间来参与本次调查，非常感谢您的支持！

我们正在进行一项关于重大工程环境损害利益主体关系的调查，期望能够发现重大工程环境损害中的关键利益主体，为风险媒介化中重大工程环境损害的社会稳定风险形成机理提供参考。我们相信您的答案和意见将会为此研究提供极大的帮助，我们向您保证有关调查资料只用于学术研究。

本研究首先利用文献综述的方法，识别了部分利益相关者；然后，希望利用各位在工作、学习、生活中的经验进一步确定利益相关者；在此基础上，利用社会网络分析等科学研究方法来确定关键利益相关者，为进一步研究关键利益相关者在重大工程环境损害的社会稳定风险形成机理中的作用打下基础，为保证地区社会稳定做出贡献！

以下内容是为您完成调查问卷提供的参考资料：

1. 本研究中的重大工程，是指建设规模巨大、投资规模庞大、涉及因素众多，对区域乃至整个国家有着重大而且深远影响的工程项目。这里工程项目具有广泛涵义，既可以是水利工程、高速铁路，也可以是特大型石油、化工项目等，如三峡水利枢纽工程、南水北调工程、京沪高铁、粤港澳大桥、西气东输、战略石油储备工程等。

2. 初步识别出的重大工程利益相关者如表1。

表1　重大工程的利益相关者

利益相关者	利益相关者的描述
S1：当地政府	重大工程所在地的政府机关
S2：监管部门	承担重大工程监管任务的单位
S3：审批部门	承担重大工程监管任务的单位
S4：治安管理部门	管理重大工程所在地治安工作的部门
S5：环境保护部门	承担重大工程所在地环境保护工作的部门
S6：项目法人	重大工程建设的责任主体，负责项目策划、资金筹措、建设实施等
S7：勘探单位	为重大工程进行勘探工作的相关单位
S8：设计单位	为重大工程进行设计工作的相关单位
S9：咨询单位	为重大工程提供咨询服务的相关单位
S10：施工单位	具体执行重大工程施工工作的相关单位
S11：材料供应商	供应重大工程施工材料的相关单位
S12：商业银行	为重大工程提供商业贷款等服务的银行
S13：保险公司	为重大工程提供保险服务的公司
S14：当地民众	生活在重大工程所在地而且受到重大工程的影响，包括移民群众
S15：传统媒体	报纸、网络、广播等传统媒体及其从业者
S16：自媒体	新媒体平台及其从业者

利益相关者	利益相关者的描述
S17：网络大 V	关注者在百万以上的发布重大工程环境损害事件内容的网络博主
S18：非营利组织	关注重大工程环境损害事件的环境保护、社会发展等方面的非盈利组织
S10：专家学者	与重大工程相关的项目管理、环境保护、工程技术等方面的专家学者

填表说明：请您根据您对各类重大工程的实际了解以及上述资料，分三步完成表 2：

第一步：您认为重大工程包括哪些利益相关者，请分别依次在表 2 的第一行和第一列列出，您既可以从表 1 中选择，也可补充其他利益相关者填入。

第二步：您认为哪些利益相关者之间会发生关系，如果某一利益相关者与另一利益相关者之间有关系，则在相应表格中打分，关系强度很大为 5 分、关系强度较大为 4 分、关系强度一般为 3 分、基本没有关系为 2 分、无关系为 1 分。例如，如果您认为 R1 与 R3 之间关系强度非常大，则在 R1 与 R3 交叉的格子中打"5"。

需要说明的是：这里的关系指两个利益相关者之间发生直接的影响，间接的以及不能直接显现在社会中的较小影响都可以忽略不计。

您可以从您周围的重大工程建设活动或者您印象最深刻的重大工程中考虑进行思考！

表 2　重大工程利益相关者关系表

利益相关者＼利益相关者											……
……											

问卷到此结束，再次感谢您的支持！